O QUE A MATEMÁTICA TEM A VER COM ISSO?

B662o Boaler, Jo.
O que a matemática tem a ver com isso? Como professores e pais podem transformar a aprendizagem da matemática e inspirar sucesso / Jo Boaler ; tradução: Daniel Bueno ; revisão técnica: Fernando Amaral Carnaúba. – Porto Alegre : Penso, 2019.
xx, 204 p. : il. ; 23 cm.

ISBN 978-85-8429-163-2

1. Matemática. 2. Ensino fundamental. 3. Ensino médio. I. Título.

CDU 51:37

Catalogação na publicação: Karin Lorien Menoncin – CRB 10/2147

JO BOALER

O QUE A MATEMÁTICA TEM A VER COM ISSO?

COMO PROFESSORES E PAIS PODEM TRANSFORMAR A APRENDIZAGEM DA MATEMÁTICA E INSPIRAR SUCESSO

Tradução
Daniel Bueno

Revisão técnica
Fernando Amaral Carnaúba
Mestre em Economia pela Universidade de São Paulo

Porto Alegre
2019

Obra originalmente publicada sob o título
What's math got to do with it? How teachers and parents can transform mathematics learning and inspire success, 1st Edition.
ISBN 9780143128298

Gerente editorial
Letícia Bispo de Lima

Colaboraram nesta edição

Editora
Paola Araújo de Oliveira

Capa
Paola Manica

Preparação de originais
Franciane de Freitas

Leitura final
Carla Araujo

Editoração
Ledur Serviços Editoriais Ltda.

Reservados todos os direitos de publicação, em língua portuguesa, à
PENSO EDITORA LTDA., uma empresa do GRUPO A EDUCAÇÃO S.A.
Av. Jerônimo de Ornelas, 670 – Santana
90040-340 – Porto Alegre – RS
Fone: (51) 3027-7000 Fax: (51) 3027-7070

Unidade São Paulo
Rua Doutor Cesário Mota Jr., 63 – Vila Buarque
01221-020 – São Paulo – SP
Fone: (11) 3221-9033

SAC 0800 703-3444 – www.grupoa.com.br

IMPRESSO NO BRASIL
PRINTED IN BRAZIL

Autora

Jo Boaler é professora de educação matemática da Stanford University e cofundadora do YouCubed. Também é a editora da seção de Comentários sobre Pesquisa do *Journal for Research in Mathematics Education* (JRME) e autora do primeiro MOOC (aula *on-line* aberta e massiva) de ensino e aprendizagem de matemática. Anteriormente, foi professora Marie Curie de Educação Matemática na Inglaterra. Já foi agraciada com vários prêmios, é conselheira para diversas empresas do Vale do Silício e consultora da Casa Branca sobre meninas e Educação STEM (sigla em inglês para ciência, tecnologia, engenharia e matemática). Contribui regularmente na rádio e na televisão pública nos Estados Unidos e no Reino Unido. Sua pesquisa figura em jornais de circulação internacional, incluindo o *The Wall Street Journal*, o *The Times* (Londres) e o *The Telegraph* (Reino Unido).

Para todos os professores que inspiraram o meu trabalho.

Agradecimentos

Escrever este livro foi uma jornada cheia de oportunidades. Eu pude aprender com alguns dos mais inspiradores professores norte-americanos e seus alunos, trabalhando lado a lado com amigos e colegas visionários que ampliaram e enriqueceram meu pensamento. Sou profundamente grata a muitas pessoas da Califórnia, particularmente da Stanford University e das escolas da Bay Area, que tornaram este livro possível.

Esta obra foi concebida em um lugar muito especial: o Centro de Estudos Avançados em Ciências Comportamentais, na Califórnia, um local dedicado à geração de ideias. Eu havia feito uma apresentação a colegas do centro, um grupo de estudiosos de diferentes áreas de pesquisa em ciências sociais, sobre os resultados de meus estudos sobre aprendizagem de matemática. O grupo respondeu vigorosamente, com expressões de surpresa e desânimo, e me pediu para divulgar os resultados ao público em geral. Eles me convenceram a escrever um projeto de livro para um público mais amplo, e muitas pessoas, em especial Susan Shirk, Sam Popkin e David Clark, me apoiaram ao longo do caminho.

A partir desse ponto, fui incentivada por minha agente literária, Jill Marsal, e por Kathryn Court, da Penguin Books, que acreditaram no projeto. Redigi esta obra no estimulante ambiente da Escola de Pós-graduação em Educação de Stanford, cercada por um grupo de estudantes de pós-graduação críticos e apoiadores. Agradeço a todos os meus alunos de doutorado, passados e presentes, que contribuíram para o grupo de educação matemática em Stanford.

Aprendi muito com alguns professores verdadeiramente inspiradores nos últimos anos, entre eles Cathy Humphreys, Carlos Cabana, Sandie Gilliam, Estelle Woodbury e Ruth Parker. Eles mudam a vida dos estudantes diariamente, e eu me sinto privilegiada por ter trabalhado e aprendido com eles. Cathy é uma boa amiga que me ajudou de muitas formas. Também sou profundamente grata aos alunos das escolas Railside, Greendale, Hilltop, Amber Hill e Phoenix Park: eles me deram sua honesta e perspicaz opinião sobre suas experiências de aprendizagem de matemática e são a razão pela qual escrevi este livro.

Tenho a sorte de ter convivido com alguns ótimos professores em minha vida, incluindo Paul Black e Dylan Wiliam, que me encorajaram em importantes aspectos desde o início de minha carreira acadêmica e gentilmente leram alguns capítulos deste livro. Professor Leone Burton, um dos meus mais fortes incentivadores, deixará saudades. Acima de tudo, agradeço às minhas duas filhas, Jaime e Ariane, por sua compreensão enquanto eu me trancava para escrever.

Prefácio

Em 2008, quando *O que a matemática tem a ver com isso?* foi publicado pela primeira vez, em uma versão não revisada e ampliada, os Estados Unidos estavam sob o domínio dos intermináveis testes de múltipla escolha e da reprovação generalizada em matemática, a pesquisa sobre o cérebro estava em sua infância e um grupo de matemáticos tradicionais estava trabalhando de maneira incansável para impedir as reformas educacionais. Avancemos rapidamente para 2015, o cenário é outro, com o surgimento de novos estudos incríveis sobre o cérebro e a aprendizagem sendo reconhecidos e aplicados. A Casa Branca convocou inúmeras reuniões nos últimos anos, nas quais pesquisadores, incluindo eu, conversaram sobre matemática, mentalidade e equidade. Os matemáticos tradicionais perderam voz e muito mais pessoas foram receptivas à ideia de um futuro em que todas as crianças possam aprender matemática em níveis elevados. Essas mudanças pavimentam o caminho para a criação de salas de aula nas quais os alunos têm entusiasmo para aprender, e os professores estão munidos dos conhecimentos mais importantes para inspirá-los a alcançar a excelência em matemática.

Eu adoro livros. Gosto de ler e escrever, mas a internet me ajudou em algo que é muito importante para minha missão profissional de longo prazo. No verão de 2013, fiz uma experiência. Alguns meses antes eu tinha sido apresentada a Sebastian Thrun, um homem incrível que inventou os carros autônomos, liderou as equipes do Google que desenvolveram o *Google Maps* e o *Google Glass* e é o CEO da Udacity. A criação do mundo dos cursos *on-line* gratuitos, ou MOOCs (cursos *on-line* abertos e massivos), geralmente é atribuída a Sebastian e a seu colega Peter Norvig, diretor de pesquisa do Google. Os dois decidiram disponibilizar na internet um dos cursos de ciência da computação que Sebastian ministra na Stanford.

Inscreveram-se no curso 160 mil pessoas, e assim surgiu o mundo dos MOOCs. Sebastian então criou a Udacity, um provedor de cursos *on-line*, e alguns meses depois me pediu para ajudar com o projeto. O tempo que passei na Udacity foi suficiente para que eu adquirisse o conhecimento necessário para projetar meu próprio curso. Disponibilizar o conhecimento sobre o cérebro e a aprendizagem de matemática a pais e professores mudaria tudo, e os cursos *on-line* eram perfeitos, pois permitiam compartilhar informações amplamente. Projetei meus cursos para torná-los envolventes e interativos, mas o interesse pelas aulas superou minhas maiores expectativas. Até o momento, mais de 130 mil pessoas – professores, pais e alunos – participaram de meus cursos *on-line* intitulados "Como aprender matemática" e agora estão munidas das informações críticas que compartilharei neste livro.

Usei a ideia da Udacity de que os cursos *on-line* não deveriam ser cabeças falantes e adotei o princípio de que os professores não deviam falar por mais de 2 minutos antes de envolver os alunos em uma tarefa. Eu não tinha muito tempo, trabalhava como professora em período integral na Stanford, pesquisando e supervisionando uma grande equipe de alunos de doutorado, mas passei todo o tempo de que dispunha durante as noites e nos fins de semana criando meu curso experimental. O curso foi disponibilizado na plataforma *on-line* da Stanford no verão de 2013, mas não foi divulgado. Ele começou com aproximadamente 5 mil inscritos, mas a notícia se espalhou de forma rápida e, no momento em que o curso terminou no final do verão, mais de 40 mil pais e professores haviam se matriculado. Muitos MOOCs têm um alto número de matriculados, mas em geral apenas uma pequena fração deles acaba fazendo os cursos. Esse não foi o caso do meu, pois impressionantes 63% dos matriculados completaram a maior parte do curso. Ainda mais gratificante, ao final do curso, 95% dos professores e pais disseram que mudariam seu modo de ensinar/educar em função das ideias que aprenderam nas aulas. Nos meses que se seguiram ao curso, notícias das ideias se espalharam, centenas de vídeos foram postados no YouTube, minha caixa de mensagens foi inundada, e os pedidos de palestras aumentaram. Foram tantos os professores e pais que demandaram acesso contínuo às novas ideias, que eu e Cathy Williams lançamos o YouCubed; inicialmente, uma empresa sem fins lucrativos, mas que agora é um centro em Stanford. No verão de 2014, publiquei um novo curso *on-line* levando as mesmas ideias poderosas diretamente aos alunos, e, alguns meses após a abertura do curso, 85 mil alunos haviam participado da aula ou assistido aos vídeos exibidos por seus professores.

Não acredito que cursos *on-line* sejam o meio mais potente de aprendizagem, sempre prefiro interagir face a face com grupos de aprendizes e vê-los discutindo ideias uns com os outros, mas esses cursos garantem acesso em grande escala a conhecimentos que precisam ser compartilhados com urgência e que não podem depender de os pais encontrarem ensino de alta qualidade em sua área. Frustrei-me ao longo dos anos com o fato de as universidades incentivarem os professores a publicar estudos sobre aprendizagem somente em periódicos acadêmicos, que são lidos por outros acadêmicos e não chegam às pessoas que precisam deles – pais e professores. Informações importantes sobre maneiras eficazes de aprender geralmente ficam restritas a revistas e bibliotecas, a menos que os pesquisadores optem por publicar seus resultados de forma mais acessível, e as universidades não os penalizem por fazê-lo. Foi isso que me motivou a publicar a primeira versão de *O que a matemática tem a ver com isso?*, em 2008, e atualizá-la com as últimas pesquisas e informações práticas sobre maneiras de ajudar todos os aprendizes de matemática.

Quando escrevi a primeira versão deste livro, o campo da educação matemática dispunha de um grande conjunto de pesquisas sobre formas de ensinar e de aprender matemática. Sabíamos como capacitar os alunos, mas a pesquisa não estava chegando aos professores, nem sendo usada nas salas de aula. Se você visitar a maioria das salas de aula de matemática nos Estados Unidos, particularmente as do ensino médio, talvez tenha a impressão de que foi transportado para a Era Vitoriana. Na maioria dos casos, os professores ainda ficam à frente da sala expondo métodos, os alunos ainda estão nas mesas aprendendo a calcular manualmente, e a matemática que está sendo ensinada tem 300 anos e não é necessária no mundo moderno.[1] Nas salas de aula do ensino fundamental, os alunos são diariamente afastados da matemática por testes cronometrados e competições de velocidade, os quais, sabemos, podem desencadear precocemente ansiedade em relação à matemática.[2-4] Temos o conhecimento de pesquisa para mudar isso e para que as salas de aula se tornem lugares onde todos os alunos sejam inspirados pela matemática. Novas pesquisas importantes sobre o cérebro e a aprendizagem surgiram nos últimos 10 anos, e elas são cruciais tanto para professores e alunos de matemática como para pais.

MENTALIDADE E MATEMÁTICA

Em 2006, chegou às livrarias um livro para o público em geral que teve um dos maiores impactos entre os volumes de pesquisa já publicados em educação. Em *Mindset: a nova psicologia do sucesso*, a professora da Stanford Carol Dweck resumiu os principais resultados de sua pesquisa sobre a natureza e o impacto das mentalidades.[5] O livro tornou-se rapidamente um recordista de vendas do *The New York Times* e foi traduzido para mais de 20 idiomas. As décadas de pesquisa de Dweck com pessoas de várias idades mostraram que os estudantes com uma "mentalidade de crescimento" – que acreditam que a inteligência e a "esperteza" podem ser aprendidas – alcançam níveis mais altos de realização, engajamento e persistência. As implicações dessa mentalidade são profundas, em especial para alunos de matemática.

Quando voltei a Stanford, em 2010, uma das primeiras coisas que fiz foi marcar um encontro para conhecer Carol Dweck. Ela concordou que a matemática é a disciplina que mais precisa de uma remodelação de mentalidade e que os professores de matemática são o grupo que mais poderia se beneficiar com o conhecimento sobre mentalidade. Desde aquele encontro, temos trabalhado em parceria, escrevendo, pesquisando e colaborando com professores.

A matemática, mais do que qualquer outra disciplina, tem o poder de minar a confiança dos alunos. As razões para isso se relacionam tanto com os métodos de ensino que prevalecem nas salas de aula de matemática dos Estados Unidos quanto com as ideias fixas sobre matemática mantidas pela maioria da população e transmitidas para as crianças desde o nascimento. Um dos mitos matemáticos mais prejudiciais, propagados nos lares e nas salas de aula, é que a matemática é um dom – que algumas pessoas são naturalmente boas em matemática e outras não.[6,7] Essa ideia é estranhamente acalentada no mundo ocidental, mas praticamente ausente em países orientais, como a China e o Japão, que são os líderes mundiais em desempenho matemático.[8]

As novas evidências científicas que mostram a incrível capacidade do cérebro para mudar, reorganizar-se e crescer em um curto espaço de tempo[9] nos dizem que todos os alunos podem aprender matemática em níveis elevados com boas experiências de ensino. Educadores tradicionais acreditam que alguns alunos não têm capacidade de trabalhar em matemática complexa, mas é justamente o trabalho em matemática complexa que permite que conexões cerebrais se desenvolvam. Os alunos são capazes de compreender ideias de alto nível, mas não desenvolverão as conexões cerebrais necessárias se receberem tarefas pouco exigentes e mensagens negativas sobre seu próprio potencial.[3]

Quando trabalho com escolas e distritos encorajando um ensino de matemática que promova mentalidades de crescimento em vez de mentalidades tradicionais,* uma exigência essencial é que os professores ofereçam a matemática como uma matéria de aprendizagem, e não como uma matéria de desempenho. Quando questionados sobre seu papel nas aulas de matemática, a maioria dos alunos diz que é responder às perguntas corretamente. Eles não acham que estão nas aulas para apreciar a beleza da matemática, para explorar o rico conjunto de conexões que a compõem ou mesmo aprender sobre a aplicabilidade da matéria. Eles acreditam que estão nas aulas de matemática para desempenhar. Compreendi isso recentemente quando uma colega, Rachel Lambert, me disse que seu filho de 6 anos havia

* Visite: www.youcubed.org

voltado para casa falando que não gostava de matemática. Quando ela perguntou o motivo, ele disse: "A matemática envolve muito tempo de resposta e insuficiente tempo de aprendizagem". Desde o jardim de infância, os alunos percebem que a matemática é diferente das outras matérias: aprender é substituído por responder a perguntas e fazer provas – desempenhar.

Para que vejam a matemática como uma disciplina de aprendizagem, os alunos precisam de tarefas e perguntas matemáticas que permitam a aquisição do conhecimento. O Capítulo 3 mostrará algumas dessas tarefas e como elas são usadas nas aulas. Os professores precisam parar de transmitir as mensagens erradas aos alunos, seja por meio de agrupamentos, notas ou problemas de matemática curtos e restritos, que implicam que a matemática é uma questão de resposta certa ou errada, e não uma matéria de aprendizagem. Nos Capítulos 4 e 5, descreverei as formas altamente produtivas pelas quais os professores podem avaliar, classificar e agrupar os alunos. Os estudantes que mais sofrem do pensamento de mentalidade tradicional são as meninas de alto desempenho – o Capítulo 6 explicará mais sobre esse fenômeno e sobre como podemos dar a elas um futuro positivo e equitativo. O Capítulo 7 está focado no importante papel que os pais podem desempenhar e traz sugestões de atividades e conselhos que podem ser usados em casa.

Uma das descobertas mais interessantes das pesquisas sobre o cérebro é algo que eu tento divulgar o máximo possível. Hoje sabemos que, quando os alunos cometem um erro em matemática, seu cérebro cresce, sinapses disparam e conexões se formam.[10] Essa descoberta nos diz que é desejável que os alunos cometam erros na aula de matemática e que estes não sejam encarados como falhas, e sim como conquistas de aprendizagem.[11] Porém, em todo lugar, os alunos se sentem muito mal quando cometem um erro, porque acham que isso significa que não são "bons alunos de matemática". Precisamos mudar essa mentalidade dizendo a eles que os erros são produtivos. Quando falo com os professores sobre essa pesquisa, eles com frequência dizem: "Mas certamente os alunos têm que lidar com o erro e entender por que é um erro para que seu cérebro cresça". Essa é uma suposição sensata, mas os alunos nem precisam saber que cometeram um erro para que seu cérebro cresça. O que a pesquisa nos diz é que, quando um erro é cometido, há dois possíveis disparos cerebrais: o primeiro acontece quando cometemos um erro, mas não estamos cientes dele; o segundo, quando percebemos que cometemos um erro. Como isso é possível? Como nosso cérebro pode crescer quando nem sequer sabemos que cometemos um erro? O melhor conhecimento de que dispomos sobre essa questão nos diz que o cérebro cresce quando cometemos erros porque esses são momentos de dificuldade, e nosso cérebro cresce mais quando somos desafiados e nos envolvemos com questões conceituais difíceis.

Carol Dweck e eu às vezes nos apresentamos juntas em *workshops* para pais e professores. Um dos conselhos que ela dá aos pais é o seguinte: quando as crianças chegarem em casa da escola e disserem que acertaram tudo naquele dia, eles devem dizer: "Ah, sinto muito, pois você não teve a oportunidade de aprender hoje". Ela está fazendo uma boa observação, e precisamos mudar o pensamento de professores e alunos sobre o que se deve ter como meta nas aulas de matemática. Os professores se preocupam profundamente com seus alunos, e por isso é comum organizarem suas aulas de tal modo que os alunos acertem na maior parte das tarefas. Isso possibilita que eles se sintam bem, mas esse não é o ambiente de aprendizagem mais produtivo. Precisamos mudar as aulas de matemática para torná-las desafiadoras a todos os alunos e precisamos mudar a mentalidade deles para que saibam que é produtivo enfrentar dificuldades e cometer erros e que devem se sentir confortáveis com isso.

Recentemente, ao assistir a uma aula do ensino fundamental em Xangai, a diretora se inclinou para me dizer que a professora estava chamando os alunos que cometeram erros para que eles os compartilhassem com toda a turma e assim todos pudessem aprender. Os alunos pareciam apreciar a oportunidade de compartilhar seus erros de raciocínio. Em vez de ser repletas de perguntas curtas que os alunos devem acertar ou errar, as aulas de matemática precisam ser preenchidas com tarefas abertas que proporcionem um espaço para aprendizagem, assim como um espaço para dificuldades e crescimento. O YouCubed apresenta exemplos das tarefas mais produtivas nas quais os alunos devem trabalhar em casa e na escola.

A MATEMÁTICA E O COMMON CORE*

Os novos padrões de matemática do Common Core[12] geraram considerável controvérsia nos Estados Unidos, e a maioria dos opositores tem motivações políticas. Alguns se opõem a ele em função dos testes que estão sendo escritos para avaliar os novos padrões, mas opor-se em função dos testes padronizados é um equívoco, já que eles não fazem parte do Common Core e constituem uma decisão política separada, que deve ser considerada fora do currículo. Outros se opõem ao currículo do Common Core porque seus filhos são bem-sucedidos no modelo tradicional de ensino de matemática e eles querem manter essa vantagem. A oposição mais curiosa é a dos pais que dizem que a matemática do Common Core é muito difícil para

---

* N. de R.T. Os Common Core State Standards, ou simplesmente Common Core, referem-se às diretrizes curriculares da educação básica nos Estados Unidos, cumprindo papel análogo ao da Base Nacional Comum Curricular no Brasil. As diretrizes do Common Core foram publicadas em 2010 para as disciplinas de língua inglesa e matemática. A adesão de cada estado norte-americano ao Common Core é voluntária, e, segundo a Associação de Surpervisão e Desenvolvimento Curricular do país (ASCD), 45 dos 50 estados haviam optado pela adesão em 2019.

seus filhos. Assim, o que sabemos sobre o Common Core, com base na pesquisa? E sua introdução nos Estados Unidos é uma coisa boa ou ruim?

O currículo de matemática do Common Core não é o que eu teria projetado se tivesse tido oportunidade para isso. Ele ainda tem muitos conteúdos irrelevantes para o mundo moderno e que afastam os alunos da matemática, principalmente no ensino médio, mas é um passo na direção certa – por várias razões. O aperfeiçoamento mais importante é a inclusão de um conjunto de padrões denominado "práticas matemáticas". Os padrões de prática não estabelecem conhecimento a ser aprendido, como fazem os outros padrões, mas formas de *ser matemático*. Eles descrevem aspectos da matemática, tais como resolução de problemas, busca de sentido, perseverança e raciocínio. É de extrema importância que os alunos trabalhem nesses aspectos; essas atividades já fazem parte dos currículos em outros países há muitos anos. Agora que essas formas de pensar fazem parte do currículo dos Estados Unidos, os alunos devem empregar seu tempo em sala de aula usando a matemática dessa maneira.

A inclusão dessas práticas significa que as tarefas trabalhadas pelos alunos irão mudar. Eles receberão tarefas mais difíceis e menos "mastigadas". Em vez de conhecer um método e praticar, terão de aprender a escolher, adaptar e usar métodos. Precisam aprender a resolver problemas e a persistir quando as tarefas são mais longas ou mais difíceis. Esse é um trabalho muito importante para professores e alunos. Meu principal problema com os padrões do Common Core é que eles exigem que os professores façam os alunos pensar sobre o que faz sentido e resolver problemas; mas essas atividades, que envolvem ir mais fundo na matemática, levam mais tempo. No ensino fundamental, o conteúdo foi reduzido para que professores e alunos possam usar o tempo nesses modos produtivos, mas os padrões do ensino médio estão repletos, como sempre, de conteúdos obsoletos que não contribuem para que os professores aprofundem e proporcionem aos alunos as experiências que eles precisam. Para mais informações sobre o potencial impacto do Common Core, acesse o *site* do YouCubed.[13]

Muitas pessoas pensam que países como a China, líder mundial no desempenho em matemática, estão nessa posição porque exercitam os alunos no conteúdo, mas isso está longe da verdade. Em Xangai, a região com pontuação mais alta da China, assisti a várias aulas do ensino médio e em nenhuma delas os professores trabalharam mais de três perguntas em uma hora. O impressionante era o quanto professores e alunos se aprofundavam em cada questão, explorando todos os aspectos da matemática. Em todas as aulas, os alunos falaram mais do que o professor enquanto discutiam o que estavam aprendendo. Consegui gravar uma das aulas, que está disponível no YouCubed. É esse modelo de ensino de matemática que precisamos.

Hoje, mais da metade de todos os estudantes dos Estados Unidos é reprovada em matemática, e a matemática é uma disciplina permeada pela desigualdade.[14,15] Quando nossas salas de aula mudarem - quando os alunos forem incentivados a acreditar que podem ser bem-sucedidos em matemática e aprender usando os métodos de ensino de alta qualidade que sabemos que funcionam -, o cenário de ensino e aprendizagem de matemática mudará para sempre. Este livro fornece aos leitores - sejam eles professores, administradores ou pais - o conhecimento necessário para fazer mudanças fundamentais para nossos alunos e para o futuro da nossa sociedade. Espero que você goste, quer seja um novo leitor ou um dos muitos que leram a primeira versão deste livro e querem se reenergizar com as novas ideias contidas nesta edição atualizada.

Sumário

Introdução

Compreendendo a urgência

Há alguns anos, na Califórnia, assisti a uma aula de matemática que jamais esquecerei. Várias pessoas tinham recomendado que eu visitasse aquela turma para ver uma professora incrível e pouco comum. Subi os degraus da sala de aula sentindo-me animada. Bati na porta. Ninguém respondeu. Então eu abri a porta e entrei. A aula de Emily Moskam não era tão silenciosa quanto a maioria das aulas de matemática que eu havia visitado. Um grupo de adolescentes altos estava à frente, sorrindo e rindo, enquanto trabalhavam em um problema de matemática. Um dos garotos falava animadamente enquanto se movimentava para explicar suas ideias. A luz do sol entrava pelas janelas e dava à frente da sala uma aparência de palco. Andei em silêncio entre as filas de alunos para me sentar em um lado da sala.

Em reconhecimento à minha chegada, Emily assentiu brevemente em minha direção. Todos os olhos estavam voltados para a frente, e percebi que os alunos não tinham ouvido a porta porque estavam profundamente envolvidos em um problema que ela havia esboçado no quadro. Eles estavam calculando o tempo que um *skatista* levaria para bater em uma parede acolchoada depois de segurar-se e soltar-se de um carrossel que estava girando. O problema era complicado, envolvia matemática de alto nível. Ninguém tinha a solução, mas vários alunos estavam dando ideias. Depois que os meninos se sentaram, três garotas foram ao quadro e complementaram o trabalho deles, levando suas ideias adiante. Ryan, um garoto alto, estava sentado no fundo da sala e perguntou-lhes: "Qual é a meta de vocês para o produto final?". As três meninas explicaram que primeiro encontrariam a taxa em que o *skatista* estava se movendo. Depois disso, tentariam encontrar a distância entre o carrossel e a parede. A partir daí, as coisas mudaram de forma rápida e animada. Diferentes alunos foram ao quadro, às vezes em pares ou grupos, às vezes sozinhos, para compartilhar suas ideias. Em 10 minutos, a turma resolveu o problema baseando-se em trigonometria e geometria, usando triângulos semelhantes e retas tangentes. Os alunos trabalharam juntos como uma máquina bem-lubrificada, conectando diferentes ideias matemáticas à medida que avançaram rumo a uma solução. A matemática era difícil, e fiquei impressionada. (A pergunta completa e a solução para esse problema de matemática, assim como para os outros quebra-cabeças apresentados neste livro, estão no Apêndice A.)

Excepcionalmente para uma aula de matemática, foram os alunos, não o professor, que resolveram o problema. A maioria dos alunos da turma havia contribuído e eles estavam empolgados com seu trabalho. Enquanto alguns compartilhavam ideias, outros ouviam atentamente e as tomavam como base. Debates acalorados foram travados entre aqueles que acreditam que a matemática deve ser ensinada de maneira tradicional – com o professor explicando métodos, e os alunos observando e depois praticando, em silêncio – e aqueles que acreditam que os alunos devem estar mais envolvidos – discutindo ideias e resolvendo problemas aplicados. Aqueles que estão no campo "tradicional" temem que as abordagens de ensino centradas no aluno sacrifiquem métodos-padrão, rigor matemático ou trabalho de alto nível. Mas esse foi um exemplo perfeito de uma aula que agradaria às pessoas de ambos os lados do debate, pois os alunos utilizaram com fluência uma matemática de alto nível, a qual aplicaram com precisão. Ao mesmo tempo, estavam muito envolvidos em sua aprendizagem e puderam oferecer suas próprias ideias na resolução de problemas. Essa turma funcionou tão bem porque os alunos receberam problemas que os interessaram e desafiaram e, além disso, puderam passar parte de cada aula trabalhando sozinhos e parte conversando entre si e compartilhando ideias sobre matemática. Ao saírem da sala no final da aula, um dos meninos disse, suspirando: "Adoro esta aula". Seu amigo concordou.

Infelizmente, pouquíssimas aulas de matemática são como a de Emily Moskam, e sua escassez faz parte do problema da educação matemática nos Estados Unidos. Em vez de envolver ativamente os alunos na solução de problemas matemáticos, a maioria das aulas de matemática consente que eles fiquem sentados em fila e vejam o professor demonstrar métodos que eles não entendem e com os quais não se importam. Inúmeros alunos *odeiam* matemática, e para muitos ela gera ansiedade e medo. Os estudantes norte-americanos não alcançam bons resultados e não optam por estudar matemática além dos cursos básicos, situação que envolve sérios riscos para o futuro desenvolvimento médico, científico e tecnológico da sociedade. Considere, por exemplo, os seguintes fatos assustadores:

- Em uma recente avaliação internacional do desempenho em matemática, conduzida em 64 países em todo o mundo, os Estados Unidos ficaram na desprezível 36ª posição.[1] Quando os níveis de gastos em educação foram levados em conta, os Estados Unidos ficaram entre os últimos de todos os países testados.*
- Hoje, apenas 1% dos alunos de graduação se especializa em matemática,[2] e os últimos 10 anos mostraram um declínio de 5% no número de mulheres especializadas em matemática.[3]
- Em um levantamento entre estudantes do ensino médio, mais da metade disse que preferiria comer brócolis do que fazer contas, e 44% prefeririam recolher lixo.[4]
- Aproximadamente 50% dos estudantes dos Estados Unidos frequentam faculdades de dois anos. Cerca de 60% desses alunos são colocados em cursos de recuperação em matemática, nos quais repetem a matemática que estudaram no ensino médio. Apenas 10% são aprovados no curso. Os demais abandonam ou são reprovados.[5] Para cerca de 15 milhões de estudantes nos Estados Unidos, a matemática encerra sua carreira universitária.

Em setembro de 1989, os governadores do país se reuniram em Charlottesville, Virgínia, e estabeleceram um desafio para o novo milênio: as crianças norte-americanas deveriam liderar o mundo da matemática e da ciência até o ano 2000. Mais de duas décadas depois da meta fixada, os Estados Unidos estão quase em último lugar nas classificações internacionais de desempenho em matemática.

O êxito e o interesse entre as crianças são baixos, mas o problema não para por aí; a matemática é amplamente odiada entre os adultos em virtude de suas experiências escolares, e a maioria deles a evita a todo custo. No entanto, com o advento de novas tecnologias, todos os adultos agora precisam ser capazes de raciocinar de maneira matemática para trabalhar e viver na sociedade. Além disso, a matemática poderia ser uma fonte de grande interesse e prazer para os norte-americanos se eles pudessem esquecer suas experiências passadas e vê-la pelo que ela é, em vez da imagem distorcida que lhes foi apresentada na escola. Quando digo às pessoas que sou professora de educação matemática, elas muitas vezes gritam de horror, dizendo que são péssimas em matemática. Isso sempre me deixa triste porque sei que devem ter tido um mau ensino de matemática. Recentemente entrevistei um grupo de jovens adultos que tinham odiado a disciplina na escola e ficaram surpresos com o quão interessante era a matemá-

* N. de R.T. Na edição de 2015 do Programa Internacional de Avaliação de Estudantes (PISA), que contou com a participação de 70 países, o Brasil ficou com a 66ª posição, e os Estados Unidos na 38ª.

tica em seu trabalho; muitos deles até começaram a resolver quebra-cabeças de matemática em seu tempo livre. Eles não conseguiam entender por que a escola havia deturpado tanto a matéria.

Essa aversão à matemática também se reflete em nossa cultura popular: em um episódio de *Os Simpsons*, Bart Simpson devolve os livros da escola a seu professor no final do ano, observando que todos estão em perfeito estado – e, no caso de seu livro de matemática, "ainda em sua embalagem original!". A relutância de Bart em abrir seu livro de matemática provavelmente repercutiu em muitos de seus espectadores em idade escolar. As primeiras palavras de Barbie podem ter feito o mesmo com suas jovens donas. Quando ela finalmente começou a falar, suas primeiras palavras foram: "A aula de matemática é difícil" – uma característica que os fabricantes fizeram bem em logo retirar. Mas Barbie e Bart não estão sozinhos – uma pesquisa de opinião da *Associated Press-America On-line* (AOL) mostrou que 4 em cada 10 adultos disseram que odiavam matemática na escola. Em comparação com qualquer outra matéria, o número de pessoas que odiavam matemática era duas vezes maior.

Entretanto, em meio a esse quadro de desdém generalizado, há evidências de que a matemática tem o potencial de ser bastante atraente. O programa matemático de TV *NUMB3RS* gerou uma legião de seguidores após sua primeira temporada. O sudoku, o antigo quebra-cabeça japonês, dominou os Estados Unidos. O sudoku envolve preencher uma grade de nove quadrados de 3×3, de modo que os números de 1 a 9 apareçam apenas uma vez em cada linha ou coluna. Em toda parte, pode-se ver pessoas debruçadas sobre suas grades numéricas antes, durante e depois do trabalho, entregues ao mais matemático dos atos – o raciocínio lógico. Essas tendências sugerem algo interessante: a matemática escolar é amplamente odiada, mas a matemática da vida, do trabalho e do lazer é intrigante e muito agradável. Existem duas versões de matemática na vida de muitos indivíduos: a matéria estranha e chata que conheceram nas salas de aula e um interessante conjunto de ideias, que é a matemática do mundo, curiosamente diferentes e surpreendentemente envolventes. Nossa tarefa é apresentar essa segunda versão aos alunos, fazê-los entusiasmar-se com ela e prepará-los para o futuro.

A MATEMÁTICA DO TRABALHO E DA VIDA

Que tipo de matemática os jovens precisarão no futuro? Ray Peacock, um respeitado empresário que foi diretor de pesquisas da Phillips Laboratories, no Reino Unido, refletiu sobre as qualidades necessárias nos locais de trabalho com alta tecnologia:

> Muitas pessoas pensam que o que queremos é conhecimento, e eu não acredito nisso, porque o conhecimento é surpreendentemente transitório. Não empregamos pessoas como bases de conhecimento, empregamos pessoas para que realmente façam ou resolvam coisas [...] Bases de conhecimento saem dos livros. Então, quero flexibilidade e aprendizagem contínua [...] E eu preciso de trabalho em equipe. E parte do trabalho em equipe depende da comunicação [...] Quando você está fora fazendo algum trabalho, independentemente do negócio... as tarefas não são de no máximo 45 minutos, elas geralmente são de três semanas ou de um dia, ou algo assim, e o cara que desiste, é óbvio, você não o quer. Portanto, o foco deve estar na flexibilidade, no trabalho em equipe, na comunicação e na pura persistência.

Doutor Peacock não é o único que valoriza a resolução de problemas e a flexibilidade. Levantamentos entre empregadores norte-americanos da indústria, da tecnologia da informação e do comércio especializado nos dizem que os empresários querem jovens que saibam usar: "[...] estatística e geometria tridimensional, pensamento sistêmico e habilidades de estimativa. Ainda mais importante, eles precisam de disposição para refletir sobre problemas que misturam trabalho quantitativo com informação verbal, visual e mecânica; capacidade de interpretar e apresentar informações técnicas; e capacidade de lidar com situações em que algo dá errado [...]".[6]

A matemática de que as pessoas precisam não é a do tipo que se aprende na maioria das salas de aula. As pessoas não precisam decorar centenas de métodos-padrão. Elas precisam raciocinar e resolver problemas, aplicando métodos flexíveis a novas situações. A matemática é agora tão crucial para os cidadãos norte-americanos que alguns a rotularam de "novo direito civil".[7] Para que os jovens se tornem cidadãos poderosos com pleno controle sobre suas vidas, eles precisarão ser capazes de raciocinar matematicamente – de pensar de maneira lógica, comparar grandezas, analisar evidências e argumentar com base em números.[8] A revista *Businessweek* declarou que "o mundo está ingressando em uma nova era dos números". As salas de aula de matemática precisam se atualizar – não apenas para ajudar futuros empregadores e empregados, ou mesmo para oferecer aos estudantes uma prova da matemática autêntica, mas para preparar os jovens para sua vida.

A engenharia é uma das profissões mais matemáticas, e os que nela ingressam precisam ser proficientes em altos níveis de matemática. Julie Gainsburg estudou engenheiros estruturais em ação por mais de 70 horas e descobriu que, embora usassem a matemática extensivamente em seu trabalho, raramente usavam métodos e procedimentos padronizados. Em geral, os engenheiros precisavam interpretar os problemas que eram solicitados a resolver (como o projeto de um estacionamento ou o suporte de uma parede) e desenvolver um modelo simplificado ao qual poderiam aplicar métodos matemáticos. Eles então selecionavam e adaptavam métodos que poderiam ser aplicados a seus modelos, executavam cálculos (usando várias representações – gráficos, palavras, equações, figuras e tabelas – enquanto trabalhavam) e justificavam e comunicavam seus métodos e resultados. Os engenheiros resolviam problemas de maneira flexível, adaptando e usando a matemática. Embora ocasionalmente enfrentassem situações em que podiam usar fórmulas matemáticas padronizadas, isso era raro, e os problemas em que trabalhavam "geralmente eram pouco estruturados e abertos". Como Gainsburg escreve: "reconhecer e definir o problema e colocá-lo em um formato solucionável com frequência faz parte do trabalho; os métodos de resolução devem ser escolhidos ou adaptados a partir de múltiplas possibilidades, ou mesmo inventados; várias soluções geralmente são possíveis; e identificar a 'melhor' rota raramente é uma determinação clara".[9]

As descobertas de Gainsburg ecoam as de outros estudos de matemática de alto nível em uso em áreas como *design*, tecnologia e medicina.[10,11] A conclusão de Gainsburg é definitiva e condenatória: "o currículo tradicional de matemática dos ensinos fundamental e médio, com seu foco na execução de manipulações computacionais, provavelmente não preparará os alunos para as demandas de solução de problemas do local de trabalho de alta tecnologia [...]".[12]

Conrad Wolfram concorda. Ele é um dos diretores da Wolfram/Alpha, uma das maiores empresas matemáticas do mundo, que também é proprietária do *software* Mathematica. Conrad está liderando um movimento para impedir que a matemática seja reduzida a cálculos. Em sua palestra TED, assistida por mais de um milhão de pessoas, ele descreve o trabalho matemático como um processo de quatro etapas: primeiro, propor uma questão, depois construir um modelo para ajudar a respondê-la, então executar um cálculo e finalmente converter o modelo de volta para a situação do mundo real, avaliando se ele respondeu à pergunta.[13]

Ele realça um fato importante: os professores gastam 80% do tempo ensinando aos alunos a etapa de cálculo, quando deveriam estar usando computadores para essa parte e gastando mais tempo ajudando-os a fazer perguntas e a montar e interpretar modelos. Sebastian Thrun, CEO da Udacity, aparece em meu curso *on-line* defendendo uma ideia importante para pais e professores: não sabemos e não podemos saber o que os estudantes de matemática precisarão no futuro, mas a melhor preparação que podemos dar é ensiná-los a ser quantitativamente alfabetizados, a pensar de maneira flexível e criativa, a resolver problemas e a usar a intuição enquanto desenvolvem ideias matemáticas.[14] Os capítulos desta obra explicam e ilustram como isso pode ser feito nas salas de aula.

Estudos com pessoas que usam matemática em sua vida – quando fazem compras e realizam outras tarefas rotineiras – levam a recomendações semelhantes. Constatou-se que os adultos lidam bem com as demandas matemáticas, mas com pouca frequência se baseiam no conhecimento da escola. Em situações da vida real, como no comércio, eles raramente fizeram uso de quaisquer métodos ou procedimentos matemáticos aprendidos na escola; em vez disso, criaram métodos que funcionam levando em conta as restrições das situações que enfrentaram.[15-18] Jean Lave, professora da University of California, em Berkeley, descobriu que os consumidores usavam seus próprios métodos para descobrir quais eram as melhores ofertas nas lojas, sem usar quaisquer métodos formais aprendidos na escola, e que as pessoas que estavam fazendo regime usavam métodos informais que criavam quando tinham de elaborar medidas de porções. Por exemplo, uma pessoa que foi informada de que poderia comer 3/4 de 2/3 de xícara de queijo cottage não executou o algoritmo-padrão para multiplicar as frações. Em vez disso, esvaziou 2/3 de uma xícara de queijo sobre uma tábua, conformou-o em um círculo, marcou uma cruz sobre ele e retirou um quadrante, deixando 3/4 de queijo.[19] Lave apresenta muitos outros exemplos como esse.

As formas como as pessoas usam a matemática no mundo provavelmente parecerão familiares para a maioria dos leitores, pois são como muitos de nós a usam. Os adultos raramente param para lembrar de algoritmos formais; em vez disso, usuários matemáticos bem-sucedidos avaliam as situações, adaptam e aplicam métodos matemáticos usando-os de maneira flexível.

A matemática do mundo é tão diferente da matemática ensinada na maioria das salas de aula que os jovens muitas vezes saem da escola malpreparados para as exigências do trabalho e da vida. As crianças aprendem, mesmo quando ainda estão na escola, sobre a irrelevância das tarefas que têm de executar, uma questão que se torna cada vez mais importante para elas quando passam pela adolescência. Como parte de uma pesquisa realizada na Inglaterra,[17] entrevistei estudantes que haviam aprendido da maneira tradicional e outros que haviam aprendido por meio de uma abordagem de solução de problemas, a respeito do uso da matemática em empregos de meio expediente após a escola. Todos os alunos da abordagem tradicional disseram que usavam e precisavam da matemática fora da escola, mas que nunca usavam o conteúdo que nela estavam aprendendo. Eles consideravam a sala de aula de matemática da escola como um mundo à parte, com limites claros que separavam a matéria de sua vida. Os alunos que aprenderam por meio de uma abordagem de solução de problemas não consideravam a matemática da escola diferente da matemática do mundo e falavam com facilidade sobre o uso do conteúdo aprendido na escola em seus empregos e em sua vida.

Quando estudantes de 64 países foram submetidos a testes de resolução de problemas matemáticos em 2012, os Estados Unidos ficaram em 36º lugar. Isso ocorre a despeito do fato de que abordagens de resolução de problemas não apenas ensinam os jovens a resolver problemas usando a matemática, mas também os preparam para exames – tão bem ou melhor do que as abordagens tradicionais.[20,21]

O que a matemática tem a ver com isso? tem muito a ver com crianças com baixa autoestima ao longo de sua vida, consequência de experiências ruins nas aulas de matemática; também tem muito a ver com crianças que não gostam de ir à escola, pois são obrigadas a assistir a aulas pouco inspiradoras, e isso tem muito a ver com o futuro do país, já que precisamos com urgência de muito mais pessoas matemáticas para ajudar com trabalhos na ciência, na medicina, na tecnologia e em outros campos. A matemática tem muitas coisas a responder, e este livro tem por objetivo dar a pais, professores e outras pessoas o conhecimento de boas maneiras de trabalhar nas escolas e nos lares para que possamos começar a melhorar o futuro de nossos filhos e do nosso país.

Precisamos levar a *matemática* de volta às salas de aula e à vida das crianças, e devemos tratar isso como uma questão urgente. As características da sala de aula que estou defendendo neste livro não estão em nenhum dos polos de um debate "tradicional" ou de uma "reforma" e poderiam estar presentes em qualquer sala de aula ou em casa, porque todas elas são sobre *ser matemático*. As crianças precisam resolver problemas complexos, fazer muitas perguntas e usar, adaptar e aplicar métodos padronizados, bem como fazer conexões entre métodos e raciocinar matematicamente – e elas podem usar tais métodos em casa e na escola.

Mas vamos voltar por um momento à sala de aula de Emily Moskam, descrita no início desta Introdução. A turma estava em uma escola pública que oferecia aos alunos a opção de escolher entre uma abordagem "tradicional" e uma abordagem de resolução de problemas. Quando levei um professor veterano de Stanford para visitar a turma de Emily, ele simplesmente a descreveu como "mágica". Talvez seu entusiasmo não fosse surpreendente. Emily Moskam ganhou prêmios por seu ensino, incluindo um Prêmio Presidencial, e seus alunos regularmente seguiram carreiras matemáticas. O surpreendente, e trágico, é que, logo depois de eu filmar essa aula, Emily foi informada de que não poderia mais ensinar dessa maneira. Um pequeno grupo de pais havia se empenhado para convencer os demais de que todos os alunos precisavam aprender matemática usando apenas métodos tradicionais – que os alunos deveriam se sentar em fila, e não ser solicitados a resolver problemas complexos, e apenas o professor deveria falar. A partir daquele ano, as aulas de matemática na escola de Emily[20,22] pareciam muito diferentes. De certa forma, elas eram indistinguíveis das salas de aula da década de 1950. Os professores ficavam na frente, explicando os procedimentos para os alunos, e estes permaneciam sentados e os praticavam sozinhos e em silêncio. A abordagem de resolução de problemas que Emily demonstrara ser bem-sucedida para seus alunos não é mais uma opção em sua escola.

COMO ESTE LIVRO PODE AJUDAR?

Conduzo estudos longitudinais sobre a aprendizagem matemática das crianças. Estudos desse tipo são muito raros. Em geral, os pesquisadores visitam as salas de aula em um determinado momento para observar a aprendizagem das crianças, mas eu acompanhei milhares de estudantes norte-americanos e britânicos durante anos em aulas de matemática dos anos finais do ensino fundamental e do ensino médio para observar como sua aprendizagem se desenvolvia ao longo do tempo. Sou professora de educação matemática na Stanford University e cofundadora do YouCubed, um centro que criei para levar ideias de pesquisa gratuitas e acessíveis para pais e professores. Anteriormente, fui professora Marie Curie de Educação Matemática na Europa e, antes disso, professora de matemática dos anos finais do ensino fundamental e do ensino médio.

Em meus estudos, monitoro como os alunos estão aprendendo, descobrindo o que os ajuda e o que não os ajuda. Nos últimos anos, voltei, com alguns de meus alunos de pós-graduação, a uma escola de ensino fundamental na Bay Area para ensinar matemática novamente. Nossas turmas eram de alunos predominantemente insatisfeitos que odiavam a matemática e estavam recebendo conceitos D e F. No começo das aulas, eles falavam que não queriam estar ali, mas acabaram adorando, dizendo-nos que aquelas aulas haviam transformado sua visão da matemática. Um menino nos disse que, se a matemática fosse assim durante o ano letivo, ele a estudaria o dia todo e todos os dias. Uma das meninas nos contou que a aula de matemática sempre tinha lhe parecido muito preta e branca, mas que nessa aula ela tinha "todas as cores do arco-íris". Nossos métodos de ensino não eram revolucionários: conversamos com as crianças sobre matemática e trabalhamos em álgebra e aritmética por meio de quebra-cabeças e problemas, como o problema do tabuleiro de xadrez:

Quantos quadrados existem em um tabuleiro de xadrez?
(A resposta não é 64! Veja o Apêndice A para detalhes.)

Professores bem-sucedidos usam métodos de ensino que mais pessoas deveriam conhecer. Bons alunos também usam estratégias que os tornam bem-sucedidos – eles não são apenas pessoas que nascem com algum tipo de gene matemático, como muitos pensam. Alunos com alto desempenho são pessoas que aprendem, por meio de ótimos professores, modelos, família ou outras fontes, a usar as estratégias específicas que irei compartilhar neste livro.

Com base em meus estudos de milhares de crianças, *O que a matemática tem a ver com isso?* identificará os problemas com os quais estudantes de todo o mundo se defrontam e compartilhará algumas soluções. Sei que muitos pais e alguns professores têm medo de matemática e acham que não sabem o suficiente para ajudar as crianças ou mesmo para conversar com elas sobre matemática, em especial quando ingressam no ensino médio. Mas pais e professores, independentemente de seu nível de ansiedade ante a matemática, podem mudar tudo para os alunos transmitindo mensagens positivas e compartilhando as estratégias matemáticas úteis apresentadas neste livro. Espero que esta obra desperte o interesse de pessoas que foram feridas por experiências matemáticas, motive aquelas que já conhecem e gostam de matemática e oriente pais e professores a inspirarem crianças por meio da exploração matemática e da construção de conexões.

1

O que é matemática?

E por que todos nós precisamos dela?

Em meus diferentes estudos de pesquisa, pedi a centenas de crianças, ensinadas da forma tradicional, que me dissessem o que é matemática. Elas normalmente falam de coisas, como "números" ou "um monte de regras". Pergunte a matemáticos o que é matemática e o mais normal será eles dizerem que é "o estudo de padrões" ou "um conjunto de ideias conectadas". Os estudantes de outras disciplinas, tais como inglês e ciências, apresentam descrições dc suas disciplinas que são semelhantes às dos professores nos mesmos campos. Por que a matemática é tão diferente? E por que os estudantes de matemática desenvolvem uma visão tão distorcida da matéria?

O filósofo e matemático Reuben Hersh escreveu um livro chamado *What is mathematics, really?* no qual ele explora a verdadeira natureza da matemática e salienta uma ideia importante: as pessoas não gostam de matemática porque ela é apresentada de maneira *inapropriada* na escola. A matemática que milhões de pessoas experienciam na escola é uma versão empobrecida da matéria e tem pouca semelhança com a matemática da vida, do trabalho ou mesmo com a matemática praticada pelos matemáticos.

O QUE É MATEMÁTICA, REALMENTE?

A matemática é uma atividade humana, um fenômeno social, um conjunto de métodos usados para ajudar a elucidar o mundo, e ela faz parte de nossa cultura. No livro recordista de vendas *O código da Vinci*,[1] de Dan Brown, o autor introduz os leitores à "proporção áurea", uma relação que também é conhecida pela letra grega *fi*.

Essa relação foi descoberta em 1202, quando Leonardo Pisano, mais conhecido como Fibonacci, formulou uma pergunta sobre o comportamento de acasalamento dos coelhos. Ele postulou o seguinte problema:

> **Um homem colocou um casal de coelhos em um lugar cercado por paredes por todos os lados. Quantos casais mais de coelhos podem ser produzidos a partir daquele casal em um ano se supusermos que todo mês cada casal gera um novo casal que, a partir do segundo mês, torna-se produtivo?**

A sequência de pares de coelhos resultante, conhecida como sequência Fibonacci, é

1, 1, 2, 3, 5, 8, 13, . . .

O que é fascinante em relação a esse padrão numérico é que, depois que a sequência se inicia, qualquer número pode ser encontrado a partir da soma dos dois números anteriores. Ainda mais interessante, ao percorrermos a sequência de números, é que dividir cada número pelo seu antecessor produz uma razão que se aproxima cada vez mais de 1,618, também conhecida como *fi* ou *proporção áurea*. O que é incrível em relação a essa proporção é que ela existe em toda a natureza. Quando sementes de flores crescem em espirais, elas crescem na proporção de 1.618:1. A proporção de espirais em conchas, pinhas e abacaxis é exatamente a mesma. Por exemplo, se você observar atentamente a fotografia de uma margarida, você verá que as sementes no centro da flor formam espirais, algumas delas curvando-se para a esquerda e outras para a direita.

Se mapearmos as espirais cuidadosamente, veremos que próximo ao centro existem 21 girando no sentido anti-horário. Um pouco mais para fora, existem 34 espirais girando no sentido horário. Esses números aparecem um ao lado do outro na sequência Fibonacci.

Margarida mostrando 21 espirais no sentido anti-horário

Margarida mostrando 34 espirais no sentido horário

Admiravelmente, as medições de diversas partes do corpo humano têm exatamente essa mesma relação. Exemplos incluem a altura de uma pessoa dividida pela distância do umbigo até o chão; a distância dos ombros às pontas dos dedos das mãos, dividida pela distância dos cotovelos às pontas dos dedos das mãos. A proporção se mostra tão agradável ao olhar que ela também está onipresente na arte e na arquitetura, figurando inclusive no prédio das Nações Unidas, no Partenon, em Atenas, e nas pirâmides do Egito.

Pergunte à maioria dos estudantes do ensino fundamental ou médio sobre essas relações e eles nem saberão que elas existem. Isso não é culpa deles, evidentemente. Nunca lhes ensinaram sobre elas. A matemática envolve elucidar relações como as encontradas nas formas e na natureza. Ela também é uma maneira poderosa de expressar relações e ideias em formas numéricas, gráficas, simbólicas, verbais e pictóricas. Essa é a maravilha da matemática que é negada à maioria das crianças.

As crianças que aprendem sobre a verdadeira natureza da matemática têm muita sorte, e isso com frequência molda suas vidas. Margaret Wertheim, uma repórter científica do *The New York Times*, reflete sobre uma aula de matemática durante a sua infância, na Austrália, e como ela mudou sua visão de mundo:

> Quando eu tinha 10 anos, tive o que só posso descrever como uma experiência mística. Aconteceu durante uma aula de matemática. Estávamos aprendendo sobre círculos, e para seu eterno crédito, nosso professor, o senhor Marshall, nos permitiu que descobríssemos por nossa própria conta a imagem secreta dessa forma sem igual: o número conhecido como *pi*. Quase tudo que você quer dizer sobre círculos pode ser dito em termos de *pi*, e pareceu-me, em minha inocência de infância, que um grande tesouro do universo havia se revelado. Eu via círculos em todo lugar que olhasse, e no cerne de todos eles estava esse número misterioso. Ele estava na forma do sol, da lua e da terra; em cogumelos, girassóis, laranjas e pérolas, em rodas, mostradores de relógio, louças e nos botões redondos dos antigos telefones. Todas essas coisas estavam unidas pelo *pi*, ainda que ele as transcendesse. Eu estava encantada. Era como se alguém tivesse levantado um véu e me revelado um reino maravilhoso além daqueles que eu experimentava com os sentidos. A partir daquele dia, eu quis saber mais sobre os segredos matemáticos ocultos a meu redor.[2]

Quantos alunos que assistiram a aulas de matemática nos Estados Unidos descreveriam a matemática dessa forma? Por que eles não se sentem encantados, como Wertheim, pela maravilha da matemática, pela compreensão do mundo que ela proporciona, pelo modo como ela elucida os padrões e as relações ao nosso redor? É porque eles são desencaminhados pela imagem da matemática apresentada nas aulas de matemática na escola e não recebem a oportunidade de experimentar a matemática real. Pergunte à maioria dos alunos o que é matemática e eles dirão que é uma lista de regras e procedimentos que precisam ser lembrados.[3] Suas descrições muitas vezes se concentram em cálculos. Contudo, como assinala Keith Devlin, matemático e autor de diversos livros sobre matemática, os matemáticos muitas vezes nem são bons em cálculos, pois estes não ocupam o centro de seu trabalho. Como mencionei anteriormente, pergunte aos matemáticos o que é matemática, e eles mais provavelmente a descreverão como o *estudo de padrões*.[4,5]

No início de seu livro *O gene da matemática*, Devlin nos conta que detestava matemática nos anos iniciais do ensino fundamental. Ele então recorda-se de sua leitura do livro *Prelude to mathematics,* de W. W. Sawyer, durante o ensino médio, o qual cativou seu pensamento e ainda o fez cogitar tornar-se um matemático. Uma das passagens de Devlin se inicia com uma citação do livro de Sawyer:

> "A matemática é a classificação e o estudo de todos os padrões possíveis." *Padrão* é utilizado aqui de uma forma com a qual todos podem concordar. Deve-se compreendê-lo de uma maneira muito ampla, para abarcar quase *qualquer tipo de regularidade que pode ser reconhecida pela mente* [itálicos meus]. A vida,

> e certamente a vida intelectual, só é possível porque existem certas regularidades no mundo. Um pássaro reconhece as listras pretas e amarelas de uma vespa; o homem reconhece que o crescimento de uma planta segue a semeadura. Em cada caso, a mente está consciente de um padrão.[6]

Ler o livro de Sawyer foi um golpe de sorte para Devlin, mas a compreensão da verdadeira natureza da matemática não deve ser obtida *a despeito* das experiências escolares nem deve ser deixada para os poucos que topam com os escritos de matemáticos. Argumentarei, como outros fizeram antes de mim, que as salas de aula devem dar às crianças uma noção da natureza da matemática, e que tal esforço é crucial para deter o baixo rendimento e a baixa participação que abrange todo os Estados Unidos. Os estudantes sabem o que é literatura inglesa e ciência porque se envolvem em versões autênticas dessas matérias na escola. Por que a matemática deveria ser tão diferente?[7]

O QUE OS MATEMÁTICOS FAZEM, REALMENTE?

O último teorema de Fermat, como ele ficou conhecido, foi uma teoria proposta pelo grande matemático francês Pierre de Fermat, nos anos de 1630. Provar (ou refutar) a teoria que Fermat estabeleceu tornou-se um desafio para muitos matemáticos e fez a teoria se tornar conhecida como "o maior problema matemático do mundo".[8] Fermat (1601-1665) celebrizou-se em sua época por propor enigmas intrigantes e descobrir relações interessantes entre números. Fermat defendeu que a equação $a^n + b^n = c^n$ não tem soluções com números inteiros para n quando n é maior do que 2. Assim, por exemplo, nenhum número poderia tornar a afirmativa $a^3 + b^3 = c^3$ verdadeira. Fermat desenvolveu sua teoria pela consideração do famoso caso de Pitágoras de $a^2 + b^2 = c^2$. Os estudantes normalmente são apresentados à fórmula de Pitágoras quando estão aprendendo sobre triângulos, pois qualquer triângulo retângulo tem a característica de que a soma dos quadrados formados pelos catetos ($a^2 + b^2$) é igual ao quadrado da hipotenusa, c^2.

Assim, por exemplo, quando os lados de um triângulo são 3 e 4, então a hipotenusa deve ser 5 porque $3^2 + 4^2 = 5^2$. Conjuntos de três números que satisfazem o caso de Pitágoras são aqueles em que dois números quadrados (p. ex., 4, 9, 16, 25) podem combinar-se para produzir um terceiro.

Fermat ficou intrigado pelos triplos pitagóricos e explorou o caso dos números cúbicos, esperando sensatamente que alguns pares de números cúbicos pudessem ser combinados para produzir um terceiro cubo. Mas Fermat descobriu que esse não era o caso e que o cubo resultante sempre tem muito poucos ou demasiados blocos. Por exemplo:

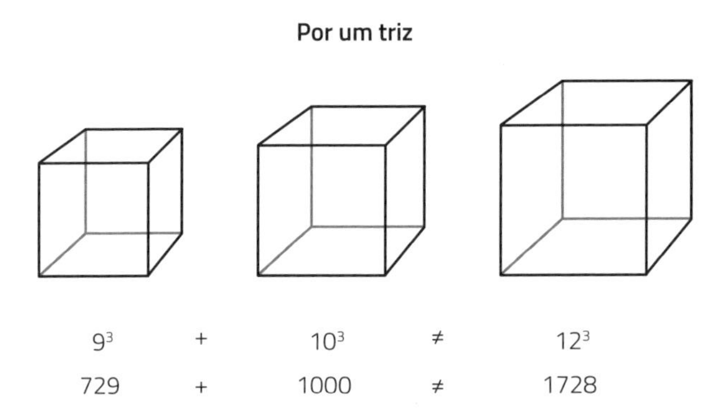

A soma dos volumes de cubos de dimensões 9 e 10 é quase igual ao volume de um cubo de dimensão 12, mas não exatamente. (Ele tem um a menos!)

Na verdade, Fermat alega que, mesmo que se experimentasse com todos os números do mundo, ninguém jamais encontraria uma solução para $a^3 + b^3 = c^3$, nem para $a^4 + b^4 = c^4$ ou para qualquer potência maior. Essa era uma afirmação ousada envolvendo o universo dos números. Na matemática, não é suficiente fazer tais afirmações, mesmo que elas sejam apoiadas por centenas de casos, pois envolve a construção de provas resistentes ao tempo. Provas matemáticas envolvem fazer uma série de enunciados matemáticos dos quais só pode decorrer uma conclusão e, uma vez construídas, são sempre verdadeiras. Fermat fez uma importante afirmação nos anos de 1630, mas ele não forneceu uma prova – e foi a prova de sua afirmação que iludiu e frustrou os matemáticos por mais de 250 anos. Além de não fornecer uma prova, Fermat rabiscou uma nota nas margens de seu trabalho dizendo que tinha uma prova "maravilhosa" de sua afirmação, mas que não havia espaço suficiente para escrevê-la. Essa nota atormentou os matemáticos durante séculos enquanto eles tentavam resolver o que alguns consideraram ser o maior problema matemático do mundo.[8]

O teorema de Fermat permaneceu sem solução por mais de 350 anos, apesar das atenções de algumas das mentes mais brilhantes na história. Em anos recentes, ele foi dramaticamente solucionado por um tímido matemático inglês, e a história de seu trabalho, contada por alguns biógrafos, captura o drama, a intriga e a atração da matemática que muitos desconhecem. Qualquer criança – ou adulto – que deseje ser inspirado pelos valores de determinação e persistência, fascinado pela intriga de enigmas e questões e introduzido à pura beleza da matemática viva deve ler o livro *O último teorema de Fermat*, de Simon Singh. Singh descreve "[...] uma das maiores histórias do pensamento humano [...]",[9] fornecendo importantes *insights* sobre como os matemáticos trabalham.

Muitas pessoas estavam seguras de que não existia prova do teorema de Fermat a ser encontrada e que esse grande problema matemático era insolúvel. Prêmios de diferentes cantos do planeta foram oferecidos, e homens e mulheres dedicaram suas vidas a encontrar uma prova, mas sem êxito. Andrew Wiles, o matemático que escreveria seu nome nos livros de história, conheceu a teoria de Fermat quando tinha 10 anos, durante suas leituras na biblioteca de sua cidade natal, Cambridge. Wiles descreveu como se sentiu quando leu o problema: "Parecia tão simples, e, contudo, todos os grandes matemáticos da história não o solucionavam. Estava ali um problema que eu, aos 10 anos, era capaz de compreender e sabia, a partir daquele momento, que eu jamais deixaria passar, eu tinha de resolvê-lo [...]".[10] Anos depois, Wiles recebeu seu título de PhD em matemática de Cambridge e assumiu um cargo no departamento de matemática de Princeton. Mas foi somente alguns anos depois que ele percebeu que poderia dedicar sua vida ao problema que o havia intrigado desde a infância. Enquanto tentava resolver o último teorema de Fermat, Wiles recolheu-se em seu gabinete e começou a ler periódicos e a reunir novas técnicas. Ele começou a explorar e a procurar padrões, trabalhando em pequenas áreas da matemática e depois recuando para ver se elas poderiam ser iluminadas por conceitos mais amplos. Wiles trabalhou em várias técnicas nos anos seguintes, explorando diferentes métodos para resolver o problema. Cerca de sete anos depois de dar início às tentativas de resolução do problema, Wiles saiu de seu gabinete uma tarde e anunciou para sua esposa que havia resolvido o último teorema de Fermat.

O local escolhido por Wiles para apresentar sua prova do problema de 350 anos foi uma conferência no Isaac Newton Institute, em Cambridge, na Inglaterra, em 1993. Algumas pessoas haviam ficado intrigadas com o trabalho de Wiles, e rumores de que ele apresentaria uma prova do último teorema de Fermat começaram a circular. Quando Wiles chegou, havia mais de 200 matemáticos espremidos na sala, alguns deles com câmeras escondidas para registrar o evento histórico. Outros – que não conseguiram entrar – espiaram através das janelas. Wiles precisou de três palestras para apresentar seu trabalho e, ao concluir a última, a sala irrompeu em grandes aplausos. Singh descreveu a atmosfera do restante da conferência como "eufórica", com a mídia mundial reunida no instituto. Seria possível que esse grande problema histórico finalmente tivesse sido resolvido? Barry Mazur, um teórico dos números e geômetra algébrico, refletiu sobre o evento, dizendo "[...] nunca vi uma palestra tão gloriosa, repleta de ideias tão maravilhosas, com tanta tensão dramática e com tamanha preparação. Só havia um clímax possível para essa história". Todos que haviam presenciado o evento achavam que o último teorema de Fermat finalmente havia sido provado. Infelizmente, havia um erro na prova de Wiles, o que significou que ele teve de mergulhar de volta no problema.

Em setembro de 1994, após meses adicionais de trabalho, Wiles sabia que sua prova estava completa e correta. Usando muitas teorias diferentes e fazendo conexões que não haviam sido feitas anteriormente, Wiles havia construído belos novos métodos e relações matemáticas. Ken Ribet, matemático de Berkeley cujo trabalho contribuíra para a prova, concluiu que o cenário da matemática havia mudado e que os matemáticos em áreas afins poderiam trabalhar de maneiras que nunca haviam sido possíveis antes.

A fascinante história de Wiles é contada em detalhes por Simon Singh e por outros autores. Mas o que esses relatos nos dizem que poderia ser útil para melhorar a educação das crianças? Uma diferença clara entre o trabalho de matemáticos e estudantes é que matemáticos trabalham em problemas longos e complicados, que envolvem a combinação de muitas áreas da matemática. Isso contrasta fortemente com as perguntas curtas que preenchem as horas das aulas de matemática e que envolvem a repetição de procedimentos isolados. É importante trabalhar em problemas longos e complicados, por muitas razões – uma delas a de que estimulam a persistência, um traço crucial a ser desenvolvido pelos jovens, que os manterá em boa posição na vida e no trabalho. Em entrevistas, os matemáticos frequentemente falam do seu prazer em trabalhar em problemas difíceis. Perguntou-se a Diane Maclagan, professora da University of Warwick: "Qual é o aspecto mais difícil da sua vida como matemática?". Ela respondeu: "Tentar provar teoremas [...]". O entrevistador então perguntou qual é a coisa mais divertida: "Tentar provar teoremas [...]", foi sua resposta.[11] Trabalhar em problemas longos e complicados pode não parecer divertido, mas os matemáticos acham esse trabalho prazeroso, porque geralmente são bem-sucedidos. É difícil que os alunos desfrutem de uma matéria caso experimentem repetidos fracassos, o que, naturalmente, é a realidade de muitos jovens nas aulas de matemática. Mas a razão pela qual os matemáticos são bem-sucedidos é que eles aprenderam algo muito importante – e muito passível de ser aprendido: eles aprenderam a resolver problemas.

A solução de problemas está no cerne do trabalho dos matemáticos, assim como do trabalho de engenheiros e de outros profissionais, e começa com a elaboração de um palpite. Imre Lakatos, matemático e filósofo, descreve o trabalho matemático como "[...] um processo de 'adivinhação consciente' sobre as relações entre quantidades e formas [...]".[12] Aqueles que tiveram aulas tradicionais de matemática na escola provavelmente ficarão surpresos ao ler que os matemáticos destacam o papel da suposição, pois eu duvido que eles tenham sido incentivados a supor em suas aulas de matemática. Quando foi encomendado um relatório oficial no Reino Unido para examinar a matemática necessária no local de trabalho, o investigador descobriu que fazer estimativas era a atividade matemática mais útil.[13] No entanto, quando as crianças que receberam aulas tradicionais de matemática são solicitadas a fazer estimativas, muitas vezes elas ficam completamente desorientadas e tentam produzir respostas exatas, depois arredondam-nas para que elas pareçam uma estimativa. Isso ocorre porque elas não desenvolveram uma boa *percepção* dos números, o que lhes permitiria estimar em vez de calcular, e também porque aprenderam, erroneamente, que a matemática sempre envolve precisão, e não fazer estimativas ou suposições. Contudo, ambas as questões estão no cerne da resolução de problemas matemáticos.

Depois de fazer uma estimativa, os matemáticos se engajam em um processo de conjecturar em zigue-zague, refinando com contraexemplos e depois provando. Tal trabalho é exploratório e criativo, e muitos escritores traçam paralelos entre o trabalho matemático e a arte ou a música. O matemático britânico Robin Wilson propõe que matemática e música "[...] são ambos atos criativos. Quando você está sentado com um pedaço de papel criando matemática, é muito parecido com estar sentado com uma folha pautada criando música [...]".[14] Devlin concorda, dizendo que "[...] a matemática não diz respeito a números, mas à vida. Ela versa sobre o mundo em que vivemos. Diz respeito a ideias. E longe de ser monótona e estéril, como tantas vezes é retratada, ela é repleta de criatividade [...]".[15]

Os caminhos estimulantes e criativos que os matemáticos percorrem quando resolvem problemas estão frequentemente ocultos no ponto final do trabalho matemático, o qual mostra apenas os resultados. Esses caminhos não podem ser exatamente os mesmos trilhados por crianças em idade escolar, pois estas precisam aprender os métodos necessários, bem como usá-los na resolução de problemas, mas tampouco a matemática escolar deve ser tão diferente a ponto de ser irreconhecível. Como refletiu George Pólya, o eminente matemático húngaro,

> Um professor de matemática tem uma grande oportunidade. Se ele preenche seu tempo de aula treinando seus alunos em operações rotineiras, ele mata seu interesse, dificulta seu desenvolvimento intelectual e emprega mal sua oportunidade. Mas se ele desafia a curiosidade de seus alunos, propondo-lhes problemas proporcionais ao seu conhecimento, e os ajuda a resolver seus problemas com questões estimulantes, ele pode proporcionar-lhes a apreciação por, e algum meio de, pensamento independente.[16]

Outra característica interessante do trabalho dos matemáticos é a sua natureza colaborativa. Muitas pessoas pensam nos matemáticos como pessoas que trabalham isoladamente, mas isso está longe de ser verdade. Leone Burton, professor britânico de educação matemática, entrevistou 70 pesquisadores matemáticos e descobriu que eles geralmente não correspondiam a esse estereótipo, relatando que preferiam colaborar na produção de ideias. Mais da metade dos trabalhos que submeteram a Burton como representativos de suas atividades foram escritos com colegas.

Os matemáticos entrevistados deram muitas razões para a colaboração, incluindo a vantagem de aprender com o trabalho uns dos outros, aumentar a qualidade das ideias e compartilhar a "euforia" da resolução de problemas. Como refletiu Burton: "Eles ofereceram as mesmas razões para colaborar em pesquisas que podem ser encontradas na literatura educacional que defende o trabalho colaborativo em salas de aula".[17] No entanto, as aulas de matemática silenciosas continuam a prevalecer em todo o país.

Outra coisa que aprendemos a partir de vários relatos do trabalho dos matemáticos é que uma parte importante da matemática viva é a postulação de problemas. Os espectadores de *Uma mente brilhante* podem se lembrar de John Nash (interpretado por Russell Crowe) vivendo uma busca emocional para formular uma questão que seria suficientemente interessante para ser o foco de seu trabalho. As pessoas comumente pensam nos matemáticos como solucionadores de problemas, mas como disse Peter Hilton, um topólogo algébrico: "A computação envolve passar de uma pergunta para uma resposta. A matemática envolve ir de uma resposta para uma pergunta [...]".[18] Tal trabalho requer criatividade, pensamento original e engenhosidade. Todos os métodos e as relações matemáticas que hoje são conhecidos e ensinados a crianças em idade escolar começaram como perguntas, mas os alunos não veem as perguntas. Em vez disso, eles aprendem conteúdos que geralmente aparecem como uma longa lista de respostas para perguntas que ninguém jamais fez. Reuben Hersh bem o coloca:

> O mistério de como a matemática cresce é em parte causado pela visão da matemática como respostas sem perguntas. Esse erro só é cometido por pessoas que não tiveram contato com a vida matemática. São as perguntas que impulsionam a matemática. Resolver e criar novos problemas é a essência da vida matemática. Se a matemática for concebida à parte da vida matemática, é claro que ela parecerá - morta.[19]

Levar a matemática de volta à vida para os alunos envolve dar-lhes uma sensação de matemática viva. Quando os alunos têm a oportunidade de fazer suas próprias perguntas e ampliar os problemas em novas direções, eles sabem que a matemática ainda está viva, e não é algo que já foi decidido e só precisa ser memorizado. Se os professores propõem e estendem problemas que interessam aos alunos, estes passam a gostar mais de matemática, sentem-se mais proprietários de seu trabalho e acabam aprendendo mais. Alunos ingleses em aulas de matemática costumavam trabalhar em problemas longos, que podiam se estender em direções que lhes interessavam. Por exemplo, em um problema, os alunos foram solicitados a projetar qualquer tipo de edifício. Isso lhes dava a oportunidade de considerar questões interessantes envolvendo matemática de alto nível, como o melhor projeto para um quartel de bombeiros. Os professores enviavam o trabalho dos alunos para bancas examinadoras, o qual era avaliado como parte de suas notas finais. Quando perguntei a esses alunos sobre seu trabalho nesses problemas, eles relataram não somente que eram agradáveis e que aprendiam muito com eles, mas também que seu trabalho os fazia "sentirem-se orgulhosos" e que eram incapazes de sentir orgulho de seus trabalhos mais comuns no livro-texto.

Outra parte importante do trabalho dos matemáticos que permite a resolução bem-sucedida de problemas é o uso de uma série de representações, como símbolos, palavras, figuras, tabelas e diagramas, todos usados com precisão. A precisão necessária em matemática tornou-se uma espécie de marca da matéria e é um aspecto da matemática que tanto atrai como repele. Para alguns estudantes, é reconfortante trabalhar em uma área onde existem regras claras para escrever e se comunicar. Mas para outros, é muito difícil separar a precisão da linguagem matemática dos métodos pouco inspiradores de treinamento com exercícios pelos quais eles passam em suas aulas de matemática. Não há razão para que os métodos de ensino precisos e repetitivos tenham que ser combinados, e a necessidade de precisão com termos e notação não significa que o trabalho matemático impeça a exploração aberta e criativa. Pelo contrário, é o fato de que os matemáticos podem confiar no uso preciso de linguagem, símbolos e diagramas que lhes permite explorar livremente as *ideias* que tais ferramentas comunicativas produzem. Os matemáticos não jogam com as anotações, os diagramas e as palavras como faria um poeta ou artista. Em vez disso, eles exploram relações e percepções que são reveladas por diferentes arranjos das notações. Como reflete Keith Devlin:

> A notação matemática não é mais matemática do que a notação musical é música. Uma página de partituras representa uma peça musical, mas a notação e a música não são a mesma coisa; a música em si acontece quando as notas da página são cantadas ou executadas em um instrumento musical. É em sua execução que a música ganha vida; ela não existe na página, mas em nossas mentes. O mesmo vale para a matemática.[20]

A matemática é uma *performance*, um ato vivo, uma maneira de interpretar o mundo. Imagine aulas de música nas quais os alunos trabalharam em centenas de horas de partituras, ajustando as notas na página, recebendo verificações e correções dos professores, mas jamais tocando a música. Os estudantes não continuariam com a matéria porque jamais experimentariam o que *é* música. No entanto, esta é a situação que continua, aparentemente inabalável, nas aulas de matemática.

Aqueles que usam matemática se envolvem em *performances* matemáticas. Eles usam a linguagem em todas as suas formas, nos modos sutis e precisos que foram descritos, para fazer algo com a matemática. Os alunos não devem apenas memorizar os métodos do passado; eles precisam se envolver, fazer, agir, executar e resolver problemas, pois, se não *usarem* a matemática enquanto aprendem, acharão muito difícil aprender em outras situações, incluindo exames.

Maryam Mirzakhani é uma matemática de Stanford que apareceu em jornais de todo o mundo ao ganhar a Medalha Fields, o mais prestigioso prêmio em matemática.* Quando as notícias do prêmio se espalharam, o *The Daily Telegraph*, um dos jornais mais vendidos da Grã-Bretanha, me pediu para escrever um artigo sobre o trabalho de Maryam. Fiquei feliz com a tarefa,[21] e contei ao jornal que, poucas semanas antes, eu havia presidido uma banca de defesa de doutorado de uma de suas alunas, no departamento de matemática de Stanford. A defesa de doutorado é a ocasião em que um aluno defende sua tese de doutorado diante de uma banca examinadora. Naquele dia, sentei-me com os outros membros do comitê, todos matemáticos, e observei a jovem aluna de Maryam andar de um lado para o outro, mostrando representações visuais e compartilhando conjecturas, usando a matemática de forma criativa para conectar ideias diferentes. Muitas vezes, na defesa, foi-lhe feita uma pergunta à qual ela respondeu: "Não sei". Essa resposta pareceu perfeitamente razoável e foi aceita pelos matemáticos da banca porque ela estava explorando um novo território para o qual ninguém tinha respostas. Isso me pareceu muito significativo, porque os alunos de qualquer escola ficariam chocados ao ver que a matemática de alto nível envolve tamanha criatividade e incerteza.

O pensamento errôneo por trás de muitas abordagens escolares é que os alunos devem passar anos sendo treinados em um conjunto de métodos que podem ser usados posteriormente. Os matemáticos que se opõem à mudança estão mais preocupados com os alunos que ingressarão em programas de pós-graduação em matemática. Nesse ponto, os alunos encontrarão matemática real e usarão as ferramentas que aprenderam na escola para trabalhar de maneiras novas, interessantes e autênticas. Mas a essa altura, a maioria dos alunos já desistiu de matemática. Não podemos continuar perseguindo um modelo educacional que deixa a melhor e única amostra real da matéria para o fim, para os raros alunos que conseguem transpor os exaustivos anos que o precedem. Se os alunos pudessem trabalhar durante pelo menos parte do tempo como fazem os matemáticos – propondo problemas, fazendo conjecturas usando intuição, explorando e refinando ideias e discutindo ideias com outros – eles não apenas teriam uma noção do verdadeiro trabalho matemático, o que por si só é um objetivo importante,[22] como também teriam oportunidades de aproveitar a matemática e aprendê-la da maneira mais produtiva.[23-24]

---

* N. de R.T. Maryan Mirzakhani faleceu em 2017, vítima de câncer de mama.

2

O que há de errado nas salas de aula?

Identificando os problemas

A NOITE DO ABSURDO

Logo depois que me tornei professora de Stanford, fui apresentada ao que acredito ser um fenômeno prejudicial e muito estranho. O fenômeno – que começou na Califórnia, mas agora se consolidou nos Estados Unidos – é conhecido como as guerras matemáticas,[1] uma série de trocas improdutivas e acaloradas entre defensores de diferentes abordagens matemáticas. Os participantes das guerras matemáticas costumam realizar greves de fome, reuniões secretas e extensas campanhas de abuso, tudo na busca de seu método preferido de ensino. Um dos resultados das guerras matemáticas é que bons professores foram expulsos da carreira docente depois de anos de intimidação por extremistas. Outro resultado é que quaisquer questões ou discussões sobre mudança no ensino de matemática foram suprimidas, e os caminhos para melhoria foram bloqueados. Ironicamente, a questão que tem inquietado tantas pessoas nem sequer é a mais importante. O tema das guerras matemáticas é o *currículo* que os professores usam em suas aulas – o conjunto de livros publicados que as escolas escolhem adotar. É claro que os livros usados nas aulas são importantes e queremos que nossos filhos trabalhem com materiais de alta qualidade que ensinem bem a matemática, mas o fator mais importante na eficácia escolar, comprovado por estudo após estudo, não é o currículo, mas o professor.[2-5] Bons professores são capazes de tornar a matemática empolgante mesmo com um livro didático fatigante. Por outro lado, professores ruins não se tornam bons apenas porque um livro é bem escrito, mas as guerras matemáticas impediram as pessoas de se concentrar e apoiar o bom ensino; em vez disso, elas deliberadamente desviaram o foco de atenção para longe dos professores e tentaram *impor* currículos específicos a eles. Emily Moskam, cuja sala de aula descrevi na Introdução, não ensina mais. Uma professora capaz de inspirar os alunos a amar e usar a matemática, nos níveis mais altos, como nenhuma outra que eu tenha visto, não foi capaz de suportar ser obrigada a usar livros que sabia serem ineficazes e que estavam prejudicando a aprendizagem de seus alunos. Ela não via nenhum caminho à frente e acabou optando por deixar a profissão.

Tive meu primeiro contato pessoal com as guerras matemáticas em uma noite fria de novembro na Califórnia. Eu estava pensando em incluir a escola de Emily Moskam em minha pesquisa quando soube da realização de uma reunião em sua escola para discutir o currículo de matemática. Estranhamente, embora a reunião fosse para que os pais considerassem a abordagem matemática da escola, nenhum professor ou administrador foi convidado. Quando os pais entraram no salão, viram três pessoas de pé na frente, passando papéis de um lado para o outro. Todos os três eram pais de calouros na escola e mais tarde um deles me confidenciou que havia passado um ano coletando dados para aquela reunião.

O encontro foi organizado porque o departamento de matemática da escola de Emily havia abandonado os livros e métodos tradicionais de ensino que haviam usado por muitos anos, com muito pouco sucesso, e começaram a usar um currículo premiado que envolvia os alunos em problemas reais – e notavelmente difíceis – para resolver (Interactive Mathematics Program, IMP). Os alunos responderam bem ao novo currículo. Eles relataram desfrutar mais da matemática, e um número muito maior deles estava se matriculando em cursos avançados.* Os professores disseram que estavam mais felizes do que nunca – estavam participando de oficinas de desenvolvimento profissional nos fins de semana, além de passar mais tempo debatendo uns com os outros sobre bons métodos de ensino, e seus alunos estavam indo bem. Foi nessa época que um grupo de radicais tradicionalistas ouviu falar sobre a nova abordagem da escola e começou a tramar sua derrubada. Eles precisavam de pais na escola que fossem a face pública de seu ataque, e as mulheres que estavam presidindo a reunião naquela noite haviam se adiantado.

Naquele primeiro encontro importante, as mulheres bombardearam os pais reunidos com os dados que lhes haviam sido entregues, dizendo-lhes que se seus filhos continuassem com o novo programa de matemática, eles não estariam qualificados para a faculdade e que suas pontuações nos testes cairiam. Eles mostravam gráficos que haviam sido construídos para dar a impressão de queda nos resultados dos testes dos alunos. É fácil manipular dados educacionais para criar

---

* N. de R.T. Em muitas escolas norte-americanas, os alunos têm a opção de cursar diferentes percursos no ensino médio, com alguns deles incluindo cursos de matemática avançados, como pré-cálculo e cálculo.

a ilusão de um programa ruim, já que é sempre possível encontrar um grupo de alunos em algum lugar cujas pontuações tenham decaído – mesmo que por uma razão específica ou por um período muito breve – e depois produzir gráficos com eixos inadequados que fazem pequenas diferenças parecerem enormes ou que generalizem a partir de 10 alunos. Para sustentar sua afirmação de que os alunos não estariam qualificados para a faculdade, as mulheres telefonaram para uma série de universidades de prestígio e fizeram uma pergunta equivalente ao seguinte: "Você aceitaria um aluno que não tivesse praticado matemática e só tivesse conversado sobre matemática no ensino médio?". Muitas das universidades disseram que não, e as mulheres começaram a compor uma lista. Essas táticas podem parecer absurdas, mas as pessoas envolvidas se sentiram justificadas em tentar promover sua posição, usando qualquer método que pudessem, pois acreditavam que estavam envolvidas em uma "grande guerra educacional"[6] e que quaisquer táticas, não importa quão dissimuladas, são admissíveis em uma guerra.

Naquela noite, elas também sugeriram algo aos pais que perturbou muito os professores quando souberam disso: que os docentes estavam sendo pagos pelo programa e estavam apoiando-o para ganho pessoal. Os pais deixaram a sala de reuniões naquela noite com um humor sombrio, alguns céticos, muitos com medo. Fiquei espantada com o encontro, mas aquilo foi só o começo.

Nas semanas que se seguiram, muitos dos pais, de maneira sensata, solicitaram dados adequados. Eles sabiam de outros estudantes que haviam adotado essa abordagem matemática e tinham sido bem-sucedidos. Eles entraram em contato com algumas das universidades que, ao que tudo indicava, não aceitavam alunos do programa de matemática e descobriram que os oficiais de admissão não haviam sido questionados sobre o programa, ou seja, os pais apenas haviam feito uma pergunta ridícula sobre falar em vez de aprender matemática. A Stanford University era uma das instituições usadas como exemplo das que não aceitavam alunos que haviam estudado com a nova abordagem curricular – apesar de ter admitido muitos alunos que estudaram com o currículo que os professores estavam usando. Quando a Stanford soube que estava sendo usada como exemplo de universidade que não aceitaria tais estudantes, os responsáveis pelo departamento de admissão rapidamente redigiram uma carta dizendo que isso não era verdade e que não discriminavam nenhum programa de matemática do ensino médio. Infelizmente, o dano já havia sido feito.

Foi nessa época que eu estava sentada em um café da cidade com um grupo de meus alunos de pós-graduação discutindo a pesquisa que planejávamos realizar na escola. Uma menina e sua mãe vieram até nossa mesa. A menina nos perguntou: "Você está conversando sobre esse novo programa de matemática na escola? Isso arruinou a minha vida!". Quando perguntamos o motivo, ela e sua mãe explicaram que ela não estaria mais qualificada para entrar na faculdade. Explicamos a ambas que isso não era verdade. Elas nos agradeceram pela informação, mas continuaram parecendo chateadas.

Sentindo que não haviam conquistado todos os pais, as três mulheres partiram para outra linha de ataque. Elas passaram para os alunos, seguindo seus passos nos intervalos, dizendo que não estariam qualificados para a faculdade e pedindo-lhes que assinassem uma petição para acabar com o programa de matemática. Os alunos estavam cada vez mais confusos e assustados, muitos assinaram as petições. No momento em que os professores ficaram sabendo sobre a campanha secreta, tudo acabou. As mulheres, apoiadas e organizadas pelos extremistas tradicionalistas, tinham assustado um número suficiente de pais e convencido a direção da escola de que os professores deviam voltar a ensinar da maneira tradicional. Agora, as mesas estão organizadas em filas, os professores dão aulas expositivas, os alunos copiam silenciosamente os métodos e depois praticam com muitos exemplos, e a resolução de problemas que os alunos adoravam não está mais em evidência. Os professores da escola foram desmoralizados e derrotados.

Dois tipos de livros didáticos estavam no centro disso. Ambos introduziram os alunos aos mesmos métodos e procedimentos matemáticos, mas os livros do IMP tentam fazê-lo de uma maneira que torne a matemática mais significativa para os estudantes. Considere, por exemplo, a maneira como o livro do IMP e o livro tradicional (trazido pelos pais ativistas) apresentavam variáveis algébricas para os alunos. O livro tradicional começa com um breve exemplo de taxas de aluguel em uma loja de praia e, em seguida, apresenta o seguinte texto:

> A letra *h* representa as horas mostradas na tabela: 1, 2, 3 ou 4. Além disso, *h* pode representar outras horas que não estão na tabela. Chamamos *h* de variável.
>
> Uma **variável** é um símbolo usado para representar um ou mais números. Os números são chamados **valores da variável**. Uma expressão que contém uma variável, como a expressão $4{,}50 \times h$, é chamada de **expressão variável**. Uma expressão que nomeia um número específico, tal como $4{,}50 \times 4$, é chamada de **expressão numérica**, ou **numeral**.
>
> Outra maneira de indicar multiplicação é usar um ponto, por exemplo, $4{,}50 \bullet 4$. Em álgebra, os produtos que contêm uma variável geralmente são escritos sem o sinal de multiplicação, porque ele é muito parecido com o outro *x*, que frequentemente é usado como uma variável.[7]

O livro tradicional dá duas páginas de explicações como essas antes de apresentar 26 questões de "exercício oral" e 49 questões de "exercício escrito",[8] tais como:

Simplifique 9 + (18 - 2) e
2 • (*b* + 2)

Em contraste, o livro do IMP introduziu os alunos às variáveis por meio de uma situação particular – a dos colonos do século XIX que viajaram do Missouri para a Califórnia para se fixar na costa oeste. Diz-se aos alunos: "Você encontrará algumas ideias matemáticas muito importantes – como gráficos, diferentes usos de variáveis, retas de melhor ajuste e problemas de taxa – enquanto viaja pelo continente".[9] Eles então recebem vários exercícios que exigem que representem as situações dos colonos usando ferramentas matemáticas, como gráficos e variáveis. Por exemplo, os alunos são informados sobre famílias e algumas convenções gerais, tais como "[...] qualquer pessoa com mais de 14 anos é considerada um adulto".[10] Elas são então apresentadas ao conceito de variáveis por meio da seguinte questão:

A casa da família Hickson abriga 3 pessoas de diferentes gerações. A idade total dos 3 membros da família é 90.

a. Encontre idades razoáveis para os 3 membros da família Hickson.
b. Encontre outro conjunto razoável de idades para eles.

Tentando resolver esse problema, um aluno escreveu:

$C + (C + 20) + (C + 40) = 90$

O que você acha que *C* significa aqui?
Como você acha que o aluno chegou a 20 e 40?
Em que conjunto de idades você acha que o aluno chegou?
Experimente essa questão, que pode ser resolvida de várias formas.[11]

No currículo do IMP, os alunos são *gradualmente* introduzidos ao conceito de variável – um dos conceitos mais importantes do currículo de matemática – antes de serem solicitados a interpretar e usar variáveis para representar uma situação matematicamente. Os alunos também são encorajados a *discutir* variáveis, explorando seu significado e seu uso, e geralmente a apontar dúvidas ou dificuldades que surgirem. O currículo tradicional, em contraste, diz aos alunos quais variáveis se encontram na página 1 do livro e depois os conduz por meio de 75 questões práticas. Ao exigir que os alunos considerem *situações* e discutam o *significado* de conceitos como variáveis, o currículo do IMP se concentra mais na compreensão e menos na prática de métodos. No currículo tradicional, os alunos praticam muito mais. E é aí que reside o ponto crucial de discórdia, com um grupo de pessoas acreditando que os alunos precisam passar muito tempo praticando e o outro grupo acreditando que é melhor compreender uma ideia do que praticá-la mecanicamente.

Meu objetivo neste livro não é promover um currículo. Estou ciente de que livros didáticos tradicionais e não tradicionais podem ser bem ou mal-ensinados e que qualquer livro requer um professor experiente e atencioso. Mas não estaríamos enfrentando nossa atual crise se as pessoas preocupadas com os livros e com abordagens mais atuais tivessem trabalhado com matemáticos para aperfeiçoá-los, em vez de declarar guerra.

As guerras na Califórnia foram instigadas por empresas, como a Mathematically Correct, que hospedava um *site* explicando que eles estavam travando uma "grande guerra educacional" para salvar o ensino tradicional de matemática. O *site*, que não continha nomes ou pessoas de contato, estava repleto de artigos que atacavam qualquer nova abordagem matemática e fornecia instruções sobre como se livrar de qualquer reforma nas escolas. Por trás do *site* havia um grupo de ativistas que vasculhavam o país, procurando escolas que utilizassem novos livros para que pudessem desembarcar na região munidos de muitos recursos, mobilizando os pais para acabar com as reformas. Um dos membros mais ativos da Mathematically Correct enviou várias mensagens me ameaçando, porque os estudos que publiquei mostravam que os alunos precisam de oportunidades para aprender ativamente. Ele afirmava que eu represento uma grande ameaça, já que sou professora de uma das melhores universidades e tenho acesso a dados. Ele recomendou que os leitores de suas páginas na internet visitassem os departamentos de educação de universidades e "bombardeassem todos, caramba".[12] Outros me disseram que era "melhor eu não" falar publicamente sobre minha pesquisa nos Estados Unidos. Essas ameaças e tentativas de suprimir evidências de pesquisa podem parecer absurdas, mas são características dos fatos que constituem as guerras matemáticas.[13,14] Para relatos mais detalhados desse fenômeno, que continua suprimindo o progresso na educação de nossos filhos, recomendo a leitura do artigo "The Math Wars", do professor Alan Schoenfeld,[1] da University of California, Berkeley, e o livro *California dreaming*, de Suzanne Wilson,[15] professora da Michigan State, ambos relatos muito acessíveis de uma sequência de eventos verdadeiramente infelizes.

COMO TUDO COMEÇOU

Nos anos de 1980, havia uma consciência generalizada de que os estudantes estavam sendo reprovados em matemática em números surpreendentemente altos, e uma série de reformas foram introduzidas nas escolas, motivadas pelo National Council of Teachers of Mathematics (Conselho Nacional de Professores de Matemática, NCTM), que publicou um novo conjunto de normas curriculares em 1989.

Os livros de matemática foram rapidamente reescritos pelos editores e preenchidos com cores brilhantes e contextos do mundo real. Os professores foram instruídos a ser facilitadores, e não palestrantes, e a fazer os alunos trabalharem em grupos. As reformas foram introduzidas de maneira relativamente rápida e muitas vezes sem consulta aos pais. Alguns professores não foram formados para trabalhar dessa nova maneira e por isso achavam difícil. Os críticos alegaram que a matemática estava sendo ameaçada, que os estudantes não estavam mais aprendendo métodos padronizados e que estavam perdendo tempo em grupos conversando com amigos em vez de trabalhar. Mas, em vez de abrir um diálogo entre as diferentes pessoas que se importavam com o ensino de matemática, linhas de batalha foram traçadas e certas organizações, como a Mathematically Correct, declararam guerra. Os mesmos grupos estão agora lutando contra a introdução da matemática do Common Core.

APRENDIZAGEM SEM PENSAMENTO

Os envolvidos nas guerras matemáticas pensam nas diferentes versões do ensino de matemática como tradicionais ou reformistas, e os debates giram em torno desses dois polos imaginários. Em minha pesquisa, descobri que essas categorias não significam realmente muito e que ambos os campos incluem muitos tipos de professores, didáticas e métodos, alguns dos quais altamente eficazes e outros não. Alguns professores podem ser descritos como tradicionais porque ministram aulas expositivas em que os alunos trabalham individualmente, mas também fazem ótimas perguntas aos estudantes, envolvem-nos em investigações matemáticas interessantes e dão-lhes oportunidades de resolver problemas, não apenas de praticar métodos padronizados. São professores maravilhosos, e eu gostaria que houvesse muitos mais deles. O tipo de ensino tradicional que me preocupa muito e que identifiquei em décadas de pesquisa como altamente ineficaz é uma versão que estimula a *aprendizagem passiva*. Em muitas aulas de matemática nos Estados Unidos, o mesmo ritual se desenrola: os professores ficam na frente da sala demonstrando métodos durante 20 a 30 minutos do tempo de aula todos os dias, enquanto os alunos copiam os métodos em seus cadernos, depois resolvem conjuntos de questões quase idênticas, praticando os métodos. Os alunos dessas salas de aula aprendem rapidamente que *pensar* não é necessário na aula de matemática e que a maneira de ser bem-sucedido é observar atentamente os professores e copiar o que eles fazem. Em entrevistas com centenas de alunos desse tipo de aula, perguntei-lhes o que é preciso para se sair bem na aula de matemática, e quase sempre eles dão a mesma resposta: *prestar muita atenção*. Como uma das meninas que entrevistei me disse: “Em matemática, você tem que lembrar; em outras matérias, você pode pensar sobre o assunto”.

Alunos ensinados por meio de abordagens passivas seguem e memorizam métodos em vez de aprender a questionar, a fazer perguntas e a resolver problemas. Entrevistei centenas de alunos ensinados dessa forma, e eles geralmente refletem sobre suas experiências dizendo coisas como: "Eu não estou interessado apenas em receber uma fórmula, eu devo memorizar a resposta, aplicá-la, e é isso" e "Você tem que estar disposto a aceitar que às vezes as coisas não parecem – elas não parecem que você deveria fazê-las. Como se elas tivessem um propósito. Mas você tem de aceitá-las". Alunos ensinados com abordagens passivas não procuram encontrar um sentido, raciocinar ou pensar (atos cruciais para um uso eficaz da matemática) e eles não se veem como solucionadores de problemas ativos. Essa abordagem passiva, que caracteriza o ensino de matemática nos Estados Unidos, é generalizada e ineficaz.

Quando os alunos tentam memorizar centenas de métodos, como é o caso em aulas que usam uma abordagem passiva, eles acham extremamente difícil usar os métodos em qualquer nova situação, muitas vezes resultando em falhas nos exames e também na vida. O segredo que os bons usuários de matemática conhecem é que apenas alguns métodos precisam ser memorizados e que a maioria dos problemas de matemática pode ser resolvida por meio da compreensão de conceitos matemáticos e da resolução ativa de problemas. Estou atualmente trabalhando com a equipe do Programa Internacional de Avaliação de Estudantes (PISA), coordenado pela Organização para a Cooperação e Desenvolvimento Econômico (OCDE), em Paris. A equipe do PISA não apenas coleta dados sobre as realizações matemáticas dos alunos mas também coleta dados sobre as estratégias que eles usam em matemática e os relaciona ao desempenho.[16] Uma das estratégias que a equipe do PISA identificou é a "memorização". Alguns estudantes acham que seu papel nas aulas de matemática é memorizar todas as etapas e todos os métodos. Outros acham que seu papel é conectar ideias. Essas estratégias diferentes estão, previsivelmente, ligadas ao rendimento, e os alunos que memorizam são os que apresentam o pior desempenho no mundo. Os alunos com melhor desempenho são aqueles que pensam sobre as grandes ideias da matemática. Infelizmente, na maioria das salas de aula dos Estados Unidos, a matemática é apresentada como um conjunto de procedimentos, levando os alunos a pensarem que seu papel na aprendizagem da matemática é memorizar. Esse resultado do PISA nos dá uma visão interessante sobre o baixo desempenho dos estudantes nos Estados Unidos em relação aos outros países testados.

Passei minha carreira de pesquisadora conduzindo estudos sobre aprendizagem pouco comuns. Eles são pouco comuns porque, em vez de visitar os alunos para ver o que eles estão fazendo nas aulas de matemática, eu os acompanho ao longo dos anos do ensino fundamental e médio, realizando estudos *longitudinais*.

Passei milhares de horas, com equipes de alunos de pós-graduação, coletando dados sobre alunos que estão aprendendo matemática de maneiras diferentes. Isso incluiu assistir a centenas de horas de aulas, entrevistar os alunos sobre suas experiências, aplicar questionários sobre crenças matemáticas e realizar avaliações para investigar sua compreensão. Esses estudos revelaram que muitas aulas de matemática deixam os alunos frios, desinteressados ou traumatizados. Em centenas de entrevistas com estudantes que experimentaram abordagens passivas, eles me disseram que pensar não é necessário, ou mesmo *permitido*, na aula de matemática. As crianças emergem das abordagens passivas acreditando que só têm de ser obedientes e memorizar o que o professor manda. Elas aprendem que devem simplesmente memorizar métodos, mesmo quando eles não fazem sentido. É irônico que a matemática – uma matéria que deveria envolver curiosidade, pensamento e raciocínio – seja algo que os alunos passaram a acreditar que *não exige pensamento*.

Em 1982, antes que as reformas de ensino fossem introduzidas nas salas de aula, os alunos foram solicitados em uma avaliação nacional a estimar a resposta para

$$\frac{12}{13} + \frac{7}{8}$$

e receberam as seguintes opções de resposta:

1, 2, 19 ou 21

Ambos os números, 12/13 e 7/8, são próximos de 1, portanto, uma estimativa nos diz que sua soma está próxima de 2. Na avaliação nacional, apenas 24% dos jovens de 13 anos e impressionantes 37% dos jovens de 17 anos responderam à pergunta corretamente. A maioria dos alunos escolheu as respostas sem sentido de 19 ou 21.[17] Os estudantes de 17 anos não pareciam dar sentido à pergunta e à estimativa, provavelmente porque estavam tentando seguir uma regra e cometeram erros em sua execução.

O fato de os alunos serem treinados em métodos e regras que não fazem sentido para eles não é apenas um problema para sua compreensão de matemática. Esse tipo de abordagem deixa os alunos frustrados, porque a maioria deles quer entender o que está aprendendo. Os alunos querem saber como diferentes métodos matemáticos se encaixam e por que funcionam. Isso é especialmente verdadeiro para meninas e mulheres, como explicarei no Capítulo 6. A seguinte resposta de Kate, uma moça cursando cálculo em uma aula tradicional, se assemelha às que recebi de muitos jovens que entrevistei:

> Nós sabíamos como fazer. Mas não sabíamos por que estávamos fazendo e nem de onde veio aquilo. Especialmente com limites, sabíamos qual era a resposta, mas não sabíamos por que ou como fazíamos. Nós apenas substituíamos cada coisa no seu lugar. E eu acho que é com isso que eu realmente tive dificuldade – eu sei chegar à resposta, eu apenas não entendo por quê.

Os jovens são naturalmente curiosos e sua inclinação – pelo menos antes de passarem pelo ensino tradicional – é buscar lógica nas coisas e compreendê-las. A maioria das aulas de matemática nos Estados Unidos livra os alunos dessa louvável inclinação. Kate ao menos teve a sorte de ainda estar perguntando "Por quê?", embora ela, como outras pessoas, não tivesse tido oportunidade de entender por que os métodos funcionavam. As crianças iniciam-se na escola como naturais solucionadoras de problemas, e muitos estudos mostram que os alunos são melhores na resolução de problemas *antes* de frequentar aulas de matemática.[18,19] Eles pensam e raciocinam sobre problemas, usam métodos de modos criativos, mas depois de algumas centenas de horas de aprendizagem passiva de matemática, eles perdem suas habilidades de resolução de problemas. Eles acham que precisam lembrar das centenas de regras que praticaram e abandonam seu bom senso para seguir as regras.

Considere por um momento este problema de matemática:

> **Uma mulher está de dieta e entra em uma loja para comprar algumas fatias de peru. Ela recebe 3 fatias que juntas pesam 1/3 de libra,* mas sua dieta diz que ela pode comer apenas 1/4 de libra. Quanto das 3 fatias que ela comprou ela pode comer para manter-se fiel à sua dieta?**

Esse é um problema interessante, e convido os leitores a tentar resolvê-lo antes de prosseguir. Ele foi apresentado por Ruth Parker, uma formadora de professores maravilhosa que passou muitos anos trabalhando com pais para ajudá-los a compreender os benefícios das abordagens investigativas. Em uma de suas sessões públicas com pais e alunos, ela apresentou esse problema e pediu às pessoas para resolvê-lo. Seu objetivo com isso era ver que tipo de soluções as pessoas ofereciam e como elas se comparavam às suas experiências escolares. Muitos dos adultos que tinham experimentado abordagens passivas foram incapazes de resolver o problema porque não podiam aplicar uma regra que aprenderam. Alguns tentaram $1/4 \times 1/3$, pois sabiam que algo deveria ser multiplicado, mas reconheceram que a resposta de $1/12$ provavelmente estava incorreta. Alguns tentaram $1/4 \times 3$, mas sua resposta de $3/4$ de libra também não fazia sentido. Para usar uma regra, eles precisavam configurar a seguinte equação:

---

* N. de T. Uma libra é uma unidade de peso que equivale a 454 gramas.

3 fatias = 1/3
***x* fatias = 1/4**

Uma vez que Ruth lhes disse isso, as pessoas que haviam se lembrado de regras e métodos foram capazes de fazer o resto – multiplicação cruzada – e dizer que

1/3 *x* = ¾
então *x* = 9/4 fatias

Mas, como ela assinalou, a parte mais importante da matemática que é necessária é ser capaz de montar a equação. Isso é algo em que as crianças têm pouca experiência – elas usam a mesma equação repetidas vezes em uma aula de matemática e, portanto, não se concentram em como montar uma ou recebem equações que já estão montadas e praticam como resolvê-las, repetidamente.

Mas observe algumas das maravilhosas soluções oferecidas por crianças pequenas que ainda não haviam sido submetidas a abordagens passivas ligadas a regras na escola:

Um aluno do 4º ano do ensino fundamental disse:

Se 3 fatias é 1/3 de uma libra, então 9 fatias são uma libra. Eu posso comer ¼ de libra, e 1/4 de 9 fatias é 9/4 fatias.

Outro resolveu o problema visualmente representando uma libra:

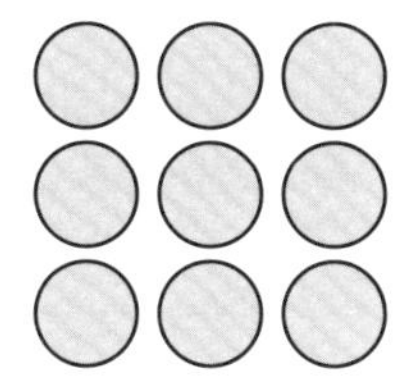

e depois 1/4 de libra:

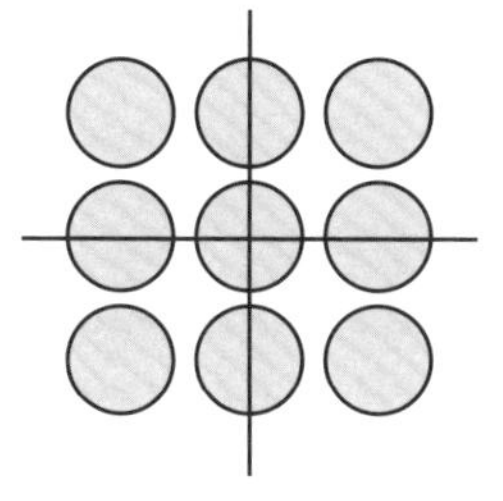

Essas soluções envolvem os tipos de métodos que são suprimidos por abordagens matemáticas passivas e ligadas a regras que ensinam apenas uma maneira de resolver problemas, desencorajando todas as outras. Podemos apenas especular se esses mesmos jovens seriam capazes de pensar em soluções como essas após futuros anos de abordagens de matemática passiva. O fato de que muitos alunos aprenderam a suprimir seus pensamentos, suas ideias e suas habilidades para resolver problemas em aulas de matemática é um dos problemas mais sérios na educação matemática nos Estados Unidos.

APRENDIZAGEM SEM CONVERSA

Outro grande problema com abordagens passivas da matemática é que os alunos trabalham em silêncio. Para alguns, essa pode parecer ser a melhor condição para a aprendizagem, mas isso está longe da verdade. Visitei centenas de salas de aula nas quais os alunos sentam-se em filas em mesas individuais, observando silenciosamente o professor trabalhando em matemática e copiando os métodos. Mas essa abordagem é falha por várias razões. Um problema é que os alunos muitas vezes precisam conversar sobre os métodos para saber se realmente os compreendem. Métodos podem *parecer* fazer sentido quando as pessoas os ouvem, mas explicá-los a outra pessoa é a melhor maneira de saber se eles realmente foram compreendidos.

Quando dois matemáticos famosos de circunstâncias muito diferentes refletiram sobre as condições que lhes permitiram ter sucesso na matemática, fiquei impressionada com a semelhança em suas declarações. Sarah Flannery é uma jovem irlandesa que ganhou o prêmio de Jovem Cientista Europeu do Ano, em 1999, pelo desenvolvimento de um algoritmo matemático "de tirar o fôlego". Em sua biografia, ela escreve sobre as diferentes condições que promoveram sua aprendizagem, incluindo os "quebra-cabeças matemáticos simples" nos quais trabalhou quando criança, descritos com mais detalhes no Capítulo 8. Flannery escreve: "A primeira coisa que percebi sobre aprender matemática é que há uma grande diferença entre, por um lado, *ouvir* outra pessoa falar sobre a matemática e achar que você está entendendo e, por outro, pensar sobre matemática, entendê-la e *falar* sobre ela para outra pessoa".[20] Reuben Hersh, um matemático norte-americano, escreveu o livro *What is mathematics, really?*, no qual também fala sobre a origem de sua compreensão matemática, dizendo que "[...] aprende-se matemática pela computação, pela resolução de problemas e pela *conversa* mais do que pela leitura e pela *escuta*".[21]

Esses dois matemáticos de sucesso destacam o papel de falar mais que ouvir, mas ouvir é a assinatura das abordagens de matemática passiva que são a norma para um grande número de estudantes. A primeira condição de aprendizagem problemática que Flannery descreve ("ouvir outra pessoa falar sobre matemática") é a quintessência das abordagens matemáticas passivas. A segunda condição que lhe permitiu compreender ("pensar sobre matemática" e "falar sobre ela para outra pessoa") é o que os alunos devem fazer nas salas de aula e em suas casas, essencial para a abordagem ativa e apresentada no Capítulo 3. Quando os alunos ouvem alguém expondo fatos matemáticos (um ato passivo que não envolve necessariamente engajamento intelectual), eles geralmente acham que o que ouviram fez sentido, mas esses pensamentos são muito diferentes da compreensão, como ilustra a seguinte história verídica.

Logo depois que a escola de Emily foi convertida para o ensino tradicional, visitei uma aula de álgebra. O professor ensinava matemática "à moda antiga" e havia sido contratado para ensinar a abordagem tradicional. Ele andava a passos largos na frente da sala, preenchendo o quadro com métodos matemáticos que explicava aos alunos. De vez em quando ele brincava e apimentava suas frases dizendo coisas como "isso é fácil" e "apenas faça isso rapidamente". Os alunos gostavam dele por causa de suas piadas, visão alegre e explicações claras e eles assistiam e ouviam atentamente e depois praticavam os métodos em seus livros. Todos os alunos estiveram envolvidos no debate público na escola entre os que apoiavam uma abordagem matemática tradicional e os que apoiavam os materiais curriculares mais novos. Um dia, quando eu estava visitando a aula de álgebra que os alunos conheciam como "matemática tradicional", parei, agachei-me ao lado de um menino e perguntei-lhe como ele estava se saindo. Ele respondeu com entusiasmo: "Ótimo. Eu amo matemática tradicional. O professor fala e você entende". Eu estava prestes a ir para outra mesa quando o professor apareceu, devolvendo as provas. O rosto do menino despencou quando ele viu um grande F marcado em vermelho. Ele olhou para o F, examinou sua prova e virou-se para mim, dizendo: "Claro, é isso que eu odeio na matemática tradicional – você acha que entendeu quando não entendeu!". Essa reconsideração, feita com um sorriso irônico, foi divertida, mas também comunicou algo muito importante sobre as limitações da abordagem à qual ele estava sendo submetido. Os alunos pensam que "entendem" quando veem os métodos no quadro e os repetem muitas vezes, mas existe uma enorme diferença entre ver algo que parece fazer sentido e compreendê-lo bem o suficiente para usá-lo algumas semanas ou dias depois ou em situações diferentes. Para saber se os alunos estão entendendo os métodos, e não apenas pensando que tudo faz sentido, eles precisam resolver problemas complexos – não apenas repetir procedimentos com números diferentes – e precisam discutir e explicar métodos diferentes.

Outro problema com a abordagem silenciosa é que ela passa aos alunos uma ideia errada sobre a matemática. Uma das partes mais importantes de ser matemático é fazer uso do *raciocínio*. Isso envolve explicar *por que* algo faz sentido e como as diferentes partes de uma solução matemática levam de uma para a outra. Alunos que aprendem a raciocinar e a *justificar* suas soluções também estão aprendendo que matemática envolve encontrar um sentido. Raciocinar é fundamental para a disciplina da matemática. Cientistas trabalham para provar ou refutar teorias encontrando novos casos, mas matemáticos provam seu trabalho por meio do raciocínio. Os matemáticos fazem declarações logicamente conectadas e chegam a uma prova pelo raciocínio. Quando os pais me perguntam por que seus filhos deveriam "perder tempo" na aula "explicando seu trabalho" quando "sabem as respostas", digo a eles que precisam explicar seu trabalho porque esse é o mais matemático dos atos. Se não estiverem raciocinando, não estarão pensando e trabalhando matematicamente. Sempre que os alunos oferecem uma solução para um problema de matemática, eles devem saber por que a solução é apropriada e devem usar regras e princípios matemáticos quando justificam a solução, em vez de apenas dizer que um livro ou um professor disse que estava certo. Raciocinar e justificar são atos essenciais, e é muito difícil se envolver neles sem falar. Para que os alunos aprendam que ser matemático envolve compreender o seu trabalho e ser capaz de explicá-lo a outra pessoa, justificando cada passo, eles precisam conversar entre si e com o professor.

Outra razão pela qual falar é tão importante nas aulas de matemática é que, quando discutem matemática, os alunos descobrem que a matéria é mais do que uma coleção de regras e métodos estabelecidos nos livros – eles percebem que é uma matéria na qual podem ter suas próprias ideias, uma matéria que pode invocar diferentes perspectivas e métodos, uma matéria que está conectada por meio de conceitos e temas centrais. Isso é importante para todos os aprendizes, mas talvez ainda mais para os adolescentes. Se os jovens são solicitados a trabalhar em silêncio e não perguntamos sobre suas próprias ideias e perspectivas, eles se sentem frequentemente desautorizados e de mãos atadas, abandonando a matemática mesmo quando tiveram um bom desempenho.[22] Quando são convidados a apresentar ideias sobre problemas matemáticos, os alunos sentem que estão usando seu intelecto e que têm responsabilidade pela direção de seu trabalho, o que é extremamente importante para os jovens.

Discussões matemáticas também são um excelente recurso para a compreensão do aluno. Quando os alunos explicam e justificam o trabalho uns para os outros, eles conseguem ouvir as explicações uns dos outros, e há momentos em que são muito mais capazes de entender uma explicação do colega do que a de um professor. Os alunos que estão falando são capazes de obter uma compreensão mais profunda por meio da explicação do seu trabalho, e os que ouvem recebem maior acesso à compreensão. Uma das razões para isso é que, quando verbalizamos pensamentos matemáticos, precisamos reconstruí-los em nossas mentes e, quando os outros reagem a eles, os reconstruímos novamente. Esse ato de reconstrução aprofunda a compreensão.[23] Quando trabalhamos com matemática de maneira isolada, existe apenas uma oportunidade para entendê-la. Evidentemente, as discussões precisam ser organizadas. Explicarei em capítulos posteriores como discussões bem-sucedidas são geridas.

Conclui-se que falar é fundamental para a aprendizagem de matemática e para dar aos alunos a profundidade de compreensão de que precisam. Isso não significa que os alunos devam falar o tempo todo ou que qualquer forma de conversa é útil. Os professores de matemática precisam organizar discussões produtivas, dando às crianças algum tempo para discutir matemática e algum tempo para trabalharem sozinhas. Mas a versão distorcida da matemática, que é transmitida em salas de aula silenciosas, torna a matéria inacessível e extremamente enfadonha para a maioria das crianças.

APRENDIZAGEM SEM REALIDADE

Um incômodo com as abordagens antigas e mais recentes da matemática que emergiram da minha pesquisa são os problemas ridículos usados nas aulas de matemática. Assim como atravessar a porta do guarda-roupa e entrar em Nárnia, nas aulas de matemática os trens viajam um em direção ao outro nos mesmos trilhos, e as pessoas pintam casas em velocidades idênticas o dia inteiro. A água enche banheiras na mesma taxa a cada minuto, e as pessoas correm ao redor de pistas à mesma distância da borda. Para se sair bem na aula de matemática, os alunos sabem que precisam suspender a realidade e aceitar os problemas ridículos que recebem. Eles sabem que, se pensarem nos problemas e usarem o que entendem da vida, falharão. Com o tempo, os alunos percebem que, ao ingressar na "Matematicalândia", você deixa o bom senso na porta.

Os contextos começaram a se tornar mais comuns em problemas de matemática nas décadas de 70 e 80. Até então, a maior parte da matemática havia sido ensinada por meio de perguntas abstratas sem referência ao mundo. A abstração da matemática é, para muitos, sinônimo de um conjunto de conhecimentos frio, remoto e distante. Alguns acreditaram que essa imagem poderia ser desfeita mediante o uso de contextos, e assim as questões matemáticas foram colocadas em contextos com as melhores intenções. Mas, em vez de propor aos alunos situações realistas que poderiam ser analisadas, os autores de livros didáticos começaram a preenchê-los com contextos fantasiosos – contextos em que os alunos deveriam acreditar, mas para os quais não deveriam usar nenhum de seus conhecimentos do mundo real. Os alunos são frequentemente solicitados a trabalhar em questões que envolvem, por exemplo, o preço de alimentos e roupas, a distribuição de pizza, o número de pessoas que podem caber em um elevador e a velocidade de trens que correm um contra o outro, mas não se espera que eles usem nenhum dos seus conhecimentos reais de preços de roupas, pessoas ou trens. Na verdade, se os alunos se envolverem nas questões e usarem seu conhecimento do mundo real, falharão. Os alunos aprendem isso sobre a aula de matemática. Eles sabem que estão entrando em um reino no qual o bom senso e o conhecimento do mundo real não são necessários.

Eis alguns exemplos dos tipos de atividades que permeiam os livros de matemática:

Joe pode fazer um trabalho em 6 horas, e Charlie pode fazer o mesmo trabalho em 5 horas. Que parte do trabalho eles podem terminar trabalhando juntos por 2 horas?

Um restaurante cobra R$ 2,50 por 1/8 de um quiche. Quanto custa um quiche inteiro?

Uma pizza é dividida em cinco partes para 5 amigos em uma festa. Três deles comem suas fatias, mas depois chegam mais 4 amigos. Em que frações devem ser divididas as 2 fatias restantes?

Todo mundo sabe que as pessoas trabalham em um ritmo diferente quando trabalham juntas ou sozinhas; que a comida vendida inteira, como um quiche inteiro, não sai pelo mesmo preço que o de fatias individuais; e que se mais pessoas aparecem em uma festa, pede-se mais pizza ou as pessoas ficam sem pizza, mas nada disso importa na Matematicalândia. Um efeito a longo prazo de trabalhar em contextos fantasiosos é que tais problemas contribuem para o mistério e para a sobrenaturalidade da Matematicalândia, o que reduz o interesse das pessoas pela matéria. O outro efeito é que os alunos aprendem a ignorar os contextos e a trabalhar apenas com os números, uma estratégia que não se aplicaria a nenhuma situação real ou profissional. Uma ilustração disso é dada por esta famosa pergunta feita em uma avaliação nacional de estudantes:

Um ônibus do exército pode transportar 36 soldados. Quantos ônibus são necessários para transportar 1.128 soldados para o local de treinamento?

A resposta mais frequente dos alunos foi 31, com resto 12, uma resposta absurda quando se lida com o número de ônibus necessários.[24] É claro que os autores do teste queriam a resposta de 32, e a resposta "31, com resto 12", é frequentemente usada como prova de que os estudantes não sabem interpretar situações. Mas também pode ser apresentada como prova de que eles foram treinados na Matematicalândia, onde respostas desse tipo são consideradas sensatas.

Meu argumento contra pseudocontextos não significa que os contextos não devam ser usados em exemplos de matemática; eles podem ser extremamente poderosos. Mas eles só devem ser usados quando são realistas e oferecem algo para os alunos, como aumentar seu interesse ou modelar um conceito matemático. Um uso realista do contexto é aquele no qual os alunos recebem situações reais que precisam de análise matemática, sendo necessário considerar (em vez de ignorar) as variáveis. Por exemplo, os alunos poderiam ser solicitados a usar matemática para prever o crescimento populacional. Isso envolveria interpretar dados de jornais sobre a população do país, investigar o crescimento nos últimos anos, determinar taxas de variação, construir modelos lineares ($y = mx + b$) e usá-los para prever o crescimento da população no futuro. Essas perguntas são excelentes maneiras de manter o interesse dos alunos, motivá-los e dar-lhes prática no uso da matemática para resolver problemas. Contextos também podem ser usados para propor uma representação visual, ajudando a transmitir significado. Não faz mal sugerir que um círculo seja uma pizza que precisa ser dividida em frações, mas é doloroso quando os alunos são convidados ao mundo de festas e amigos e, ao mesmo tempo, são obrigados a ignorar tudo o que sabem sobre festas e amigos.

Há também muitos problemas maravilhosos de matemática sem contexto ou quase nenhum contexto que podem envolver os alunos. O famoso problema das quatro cores, que intrigou os matemáticos durante séculos, é um bom exemplo de um problema matemático abstrato e envolvente. O problema surgiu em 1852, quando Francis Guthrie tentava colorir um mapa dos condados da Inglaterra. Ele não queria colorir nenhum condado adjacente com a mesma cor e percebeu que precisava de apenas quatro cores para cobrir o mapa. Os matemáticos começaram então a provar que apenas quatro cores seriam necessárias em qualquer mapa ou conjunto de formas adjacentes. Foi necessário mais de um século para provar isso, e alguns ainda questionam a prova.

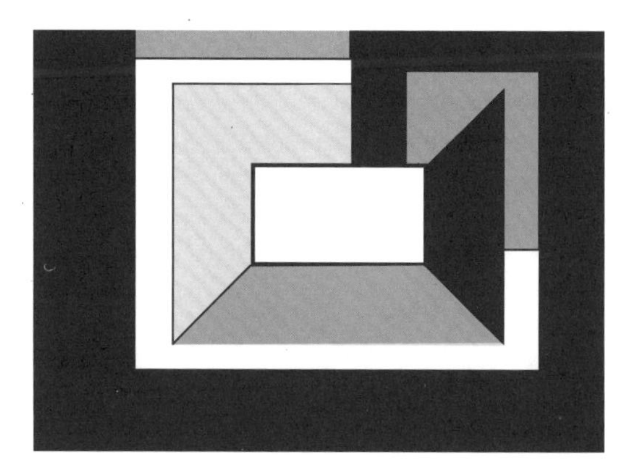

Esse é um ótimo problema que pode ser dado aos estudantes para investigar. Eles podem trabalhar com um mapa de países adjacentes, como a Europa, ou desenhar suas próprias formas. Por exemplo,

É possível colorir este mapa usando apenas 4 cores, sem que 2 "países" adjacentes tenham a mesma cor?

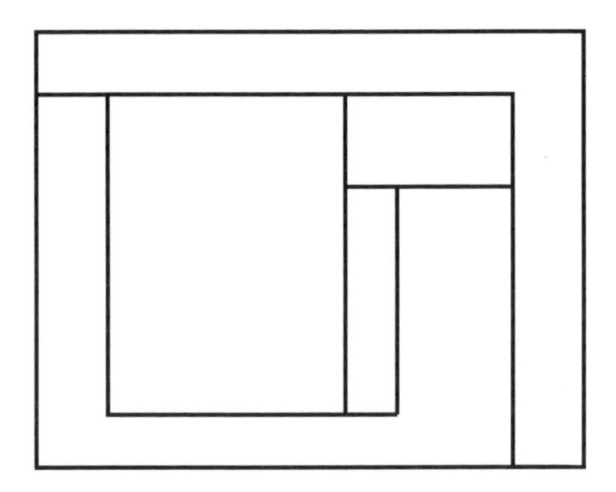

Outros exemplos de problemas que usei neste livro, como o problema do tabuleiro de xadrez na introdução, usam contextos de maneira sensata e responsável. Os contextos dão significado aos problemas e fornecem restrições realistas – os alunos não precisam em parte acreditar neles e em parte ignorá-los.

A artificialidade dos contextos matemáticos pode parecer uma preocupação pequena, mas o impacto dessas abordagens a longo prazo pode ser devastador para os estudantes de matemática. Hilary Rose, socióloga e colunista de jornal, ilustra bem esse ponto. Ela lembra que, quando criança, era uma espécie de "matemática prodígio"[25] e adorava explorar padrões, números e formas. Ela descreve como seu senso de magia matemática terminou quando problemas do mundo real foram usados na escola. No início, ela se envolvia com os problemas com entusiasmo, aproveitando seu conhecimento das situações descritas, mas depois descobriu que esse envolvimento não era permitido:

> Pensando sobre isso, eram os chamados problemas práticos os que mais me irritavam. Era óbvio para mim que muitas das perguntas simplesmente indicavam que o autor não sabia o suficiente sobre as habilidades do ofício envolvidas em soluções do mundo real. Empurrar cortadores de grama morro acima, aplicar papel de parede calculando pés e polegadas quadrados: essas coisas eram enfadonhas e, pelo que uma criança altamente prática era capaz de saber,

> estúpidas... Sei que o preço que paguei foi perder o senso de confiança de que a matemática escolar e a matemática cotidiana faziam parte do mesmo mundo.[26]

Se os contextos ridículos fossem retirados dos livros de matemática – sejam eles livros tradicionais ou mais recentes –, seu tamanho provavelmente seria reduzido em mais da metade. A eliminação de contextos ridículos seria boa por muitas razões. A fundamental é que os alunos perceberiam que estão aprendendo uma matéria importante que ajuda a entender o mundo, e não uma matéria que só envolve mistificação e tolices.

À medida que o mundo muda e que a tecnologia se torna cada vez mais presente em nossos empregos e em nossa vida, é impossível saber exatamente quais métodos matemáticos serão mais úteis no futuro. É por isso que é tão importante que as escolas desenvolvam pensadores flexíveis que possam se basear em diversos princípios matemáticos para resolver problemas. A única maneira de criar pensadores matemáticos flexíveis é dar às crianças a experiência de trabalhar dessas maneiras, tanto na escola como em casa. No próximo capítulo, considerarei duas abordagens escolares muito diferentes que foram extremamente eficazes para atingir esse objetivo.

3

Visão para um futuro melhor

Abordagens eficazes em sala de aula

Imagine uma época em que as crianças ficassem ansiosas para ir às aulas de matemática na escola, empolgadas por aprender novas ideias matemáticas e capazes de usar matemática para resolver problemas fora da sala de aula. Os adultos se sentiriam à vontade com a matemática, ficariam felizes em receber problemas matemáticos no trabalho e deixariam de dizer nas festas: "Sou péssimo em matemática". Os Estados Unidos teriam o número e a variedade de pessoas boas em matemática para preencher os vários empregos que necessitam da compreensão matemática e científica que nossa era tecnológica exige. Tudo isso pode parecer implausível, dado o número de pessoas com trauma e aversão à matemática e a grande quantidade de alunos que temem as aulas de matemática. Mas uma realidade matemática diferente é possível, e pais e professores podem contribuir para isso. Nas páginas a seguir, descreverei duas abordagens altamente bem-sucedidas que ofereceram aos alunos uma experiência de trabalho matemático real. Elas ocorreram durante os anos finais do ensino fundamental e no ensino médio, mas seus princípios se aplicam a todos os níveis. Aprenderemos sobre alunos de uma ampla gama de procedências que passaram a adorar matemática, a atingir níveis elevados e a considerar a disciplina uma parte importante de seu futuro.

A ABORDAGEM COMUNICATIVA

A Railside High School é uma escola urbana da Califórnia na qual as aulas são frequentemente interrompidas pelo som de trens em alta velocidade. Como acontece com muitas escolas, os edifícios parecem precisar de reparos, mas a Railside não é como as outras instituições. Em muitas escolas, as aulas de cálculo costumam ser pouco frequentadas ou inexistentes, mas na Railside elas estão repletas de alunos interessados e bem-sucedidos. Quando levo visitantes à escola e entramos em uma aula de matemática, eles ficam surpresos ao ver todos os alunos trabalhando com afinco, envolvidos e empolgados com a matéria. Minha primeira visita à Railside foi porque eu soube que os professores colaboravam e trabalhavam juntos no planejamento de ideias para suas aulas, e eu estava interessada em assisti-las. O que vi naquela visita foi suficiente para convidar a escola a fazer parte de um novo projeto de pesquisa em Stanford para investigar a eficácia de diferentes abordagens matemáticas. Uns quatro anos depois, após termos acompanhado 700 alunos de três escolas de ensino médio, observando, entrevistando e avaliando os estudantes, sabíamos que a abordagem da Railside era altamente bem-sucedida e incomum.

Os professores de matemática da Railside costumavam ensinar usando métodos tradicionais, mas, como estavam insatisfeitos com as altas taxas de reprovação de seus alunos e a falta de interesse deles por matemática, decidiram trabalhar juntos para criar uma nova abordagem. Reuniram-se durante vários verões para criar um novo currículo de álgebra e posteriormente para melhorar todos os cursos oferecidos. Eles também misturaram as turmas e fizeram da álgebra a primeira matéria que *todos* os alunos cursariam ao ingressar no ensino médio – e não apenas os mais bem-sucedidos. Na maioria das aulas de álgebra, os alunos trabalham por meio de perguntas destinadas a fazê-los praticar técnicas matemáticas, como formular polinômios ou resolver desigualdades. Na Railside, os alunos aprendiam os mesmos métodos, mas o currículo foi organizado em torno de ideias matemáticas mais amplas, com temas unificadores, como "O que é uma função linear?". O foco da abordagem da Railside estava nas "representações múltiplas", por isso eu o descrevi como comunicativo – os alunos aprendiam sobre as diferentes maneiras pelas quais a matemática poderia ser comunicada por meio de palavras, diagramas, tabelas, símbolos, objetos e gráficos. Enquanto trabalhavam, os estudantes frequentemente eram solicitados a explicar o trabalho uns aos outros, movendo-se entre diferentes representações e formas de comunicação. Quando entrevistamos os alunos e perguntamos o que achavam que era matemática, eles não nos disseram que era um conjunto de regras, como faz a maioria. Em vez disso, eles nos disseram que a matemática era uma forma de comunicação ou uma linguagem. Como um jovem explicou: "A matemática é parecida com uma espécie de linguagem, porque ela tem um monte de significados diferentes, e eu acho que ela está comunicando. Quando você sabe a solução para um problema, quero dizer que é como se comunicar com seus amigos".

Em uma das aulas que observei, os estudantes estavam aprendendo sobre funções. Eles recebiam o que os professores chamavam de "padrões de empilhamento".

Diferentes alunos tinham recebido diferentes padrões para trabalhar. Pedro recebeu o seguinte padrão, que inclui os três primeiros casos:

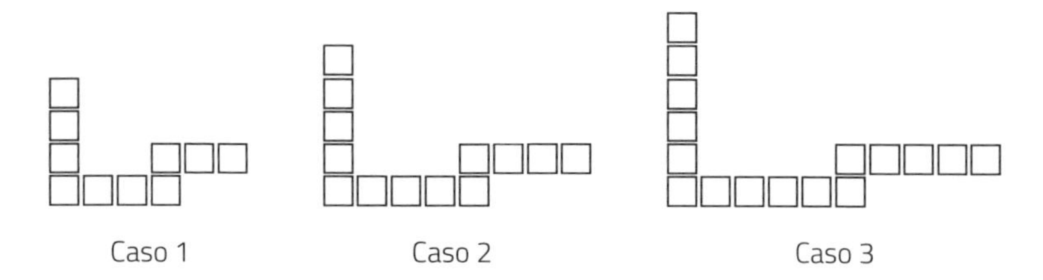

O objetivo da atividade era que os alunos descobrissem como o padrão estava crescendo (você também poderia tentar isso) e representar isso como uma regra algébrica, uma tabela, um gráfico e um padrão genérico. Eles também precisavam mostrar o centésimo caso na sequência, tendo recebido os três primeiros casos.

Pedro começou calculando os números dos três primeiros casos e colocou isso em sua tabela:

Número do caso	Número de ladrilhos
1	10
2	13
3	16

Nesse momento, ele observou que o padrão estava "crescendo" de três em três. Depois ele tentou *entender* como o padrão estava crescendo em suas formas e, depois de alguns minutos, ele entendeu! Pedro entendeu que cada uma das três seções crescia de um em um, e representou os dois primeiros casos da seguinte forma:

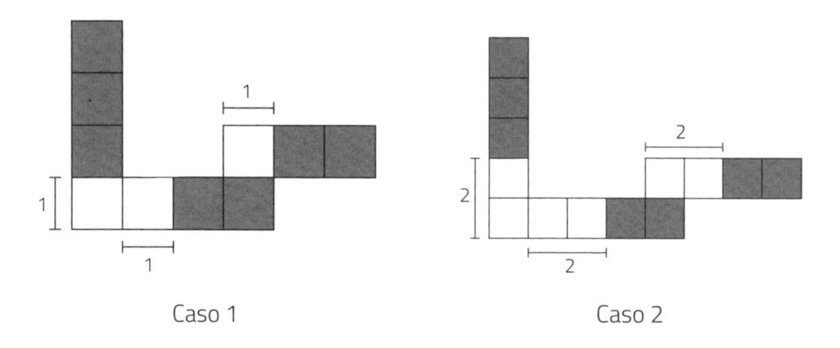

Pedro viu que havia sete ladrilhos que permaneciam sempre iguais e estavam presentes nas mesmas posições (foi assim que ele visualizou o padrão de crescimento, mas existem outras formas de visualizá-lo). Além dos sete "constantes", havia linhas de ladrilhos que cresciam com cada número de caso. Então, por exemplo, se observarmos apenas a linha vertical dos ladrilhos:

Vemos que no Caso 1, há 1 na parte inferior + 3. No Caso 2, há 2 + 3. No Caso 3 haveria 3 + 3; e no Caso 4, haveria 4 + 3, e assim por diante. O 3 é uma constante, mas há mais um adicionado à seção inferior dos ladrilhos a cada vez. Também podemos ver que a seção crescente é sempre do mesmo tamanho que o número do caso. Quando o Caso é 1, o número total de ladrilhos é 1 + 3; quando o Caso é 2, o total é 2 + 3. Podemos supor a partir disso que, quando for o centésimo caso, haverá 100 + 3 ladrilhos. Esse tipo de trabalho – considerar, visualizar e descrever padrões – está no cerne da matemática e de suas aplicações.

Pedro representou todo o padrão da seguinte forma:

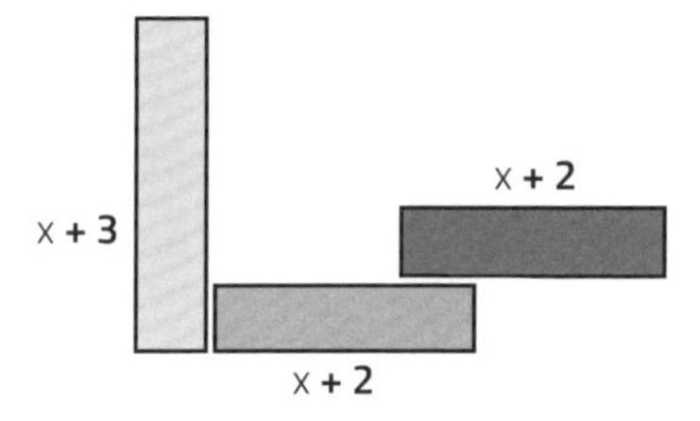

Onde x representava o número do caso. Somando as três seções, ele agora poderia representar toda a função como $3x + 7$.

Nesse ponto, devo explicar algo sobre a álgebra para aqueles que acham esse exemplo totalmente desconcertante. Quando uma amiga leu sobre esse padrão, ela ficou completamente perdida e eu percebi que sua confusão vinha do modo como ela aprendera álgebra em suas aulas de matemática tradicionais. Ela olhou para o padrão comigo, viu que o aluno o havia representado como $3x + 7$ e me perguntou: "Então, o que é x?". Eu disse que x era o número do caso, então no primeiro caso x é 1, no segundo x é 2, e assim por diante. Isso a confundiu completamente, porque, percebi, para ela x sempre foi feito para ser um *único* número.

Ela passou tantos anos de aulas de matemática "encontrando o x" – reorganizando equações para descobrir qual era o número x – que ela, assim como milhões de crianças em idade escolar, perdeu o ponto mais importante sobre álgebra – que x é usado para representar uma *variável.* A razão pela qual a álgebra é tão amplamente usada por matemáticos, cientistas, médicos, programadores de computador e muitos outros profissionais é porque os padrões – que crescem e mudam – são centrais para seu trabalho e para o mundo, e a álgebra é um método fundamental para descrevê-los e representá-los. Minha amiga podia ter visto que o padrão tinha um número diferente de ladrilhos a cada vez, mas não estava acostumada a usar a álgebra para representar uma quantidade *variável.* Mas a tarefa nesse problema – encontrar uma maneira de visualizar e representar o padrão, usando álgebra para descrever as partes variáveis do padrão – é um trabalho algébrico extremamente importante. A forma como a maioria das pessoas aprende álgebra esconde o seu significado, impede-as de usá-la adequadamente e dificulta a sua capacidade de ver a utilidade da álgebra como uma ferramenta de resolução de problemas em matemática e ciências.

Pedro ficou satisfeito com seu trabalho e decidiu verificar sua expressão algébrica com sua tabela. Satisfeito pelo fato de que $3x + 7$ funcionava, ele começou a projetar seus valores em um gráfico. Deixei o grupo quando ele estava avidamente procurando papel quadriculado e lápis de cor. No dia seguinte, na aula, fui conferir o que ele estava fazendo. O garoto estava sentado com outros três meninos projetando um cartaz para mostrar suas quatro funções. Suas quatro mesas estavam unidas e cobertas por um grande cartaz dividido em quatro seções. De longe, o cartaz parecia uma obra de arte matemática, com diagramas codificados por cores, setas conectando diferentes representações umas às outras e grandes símbolos algébricos.

Foto cedida por Jo Boaler

Foto cedida por Jo Boaler

Depois de um tempo, o professor se aproximou e olhou o trabalho dos meninos, conversou com eles sobre seus diagramas, gráficos e expressões algébricas, sondando seus pensamentos para ter certeza de que eles entendiam as relações algébricas. Ele perguntou a Pedro onde o 7 (de $3x + 7$) estava representado em seu gráfico. Ele mostrou ao professor e então decidiu mostrar o +7 da mesma cor em seus padrões de ladrilhos, em seu gráfico e em sua expressão algébrica. A comunicação das principais características das funções, usando codificação em cores, foi algo que todos os alunos aprenderam na abordagem da Railside para conectar as diferentes representações. Isso ajudou os alunos a aprenderem algo importante – que a expressão algébrica mostra algo tangível e que as relações dentro da expressão também podem ser vistas em tabelas, gráficos e diagramas.

Juan, sentado à mesma mesa, recebera um padrão não linear mais complexo, que ele tinha codificado com cores da seguinte maneira:

Veja se você consegue descobrir como o padrão está crescendo e a expressão algébrica que o representa!

Além de produzir cartazes que mostravam padrões lineares e não lineares, os alunos foram solicitados a encontrar e conectar padrões, em seus próprios padrões de empilhamento e nos padrões de todos os quatro colegas de equipe, e a mostrá-los usando ferramentas de redação técnica. Como alguns padrões de empilhamento não eram lineares, essa foi uma tarefa complicada para alunos do 9º ano, o que provocou muita discussão, consternação e aprendizagem! Um dos objetivos da aula era ensinar os alunos a procurar padrões dentro e entre as representações e começar a compreender a generalização.

As tarefas na Railside foram projetadas para que coubessem dentro das áreas disciplinares distintas de álgebra e geometria, de acordo com a tradição de separação de conteúdo nas escolas norte-americanas. Ainda assim, os problemas trabalhados pelos alunos eram abertos o suficiente para serem pensados de diferentes maneiras e frequentemente exigiam que eles apresentassem seu pensamento usando diferentes representações matemáticas, enfatizando as conexões entre álgebra e geometria.

As salas de aula da Railside eram todas organizadas em grupos, e os alunos ajudavam uns aos outros enquanto trabalhavam. Os professores prestavam muita atenção às formas como os grupos trabalhavam e ensinavam os alunos a respeitar as contribuições dos outros, independentemente de seu desempenho anterior ou de seu *status* com outros colegas. Um infeliz efeito colateral, mas comum, de algumas abordagens em sala de aula é que os alunos desenvolvem crenças sobre a inferioridade ou a superioridade de cada um. Em outras turmas estudadas, onde o ensino era feito da maneira tradicional, os alunos referiam-se aos outros como inteligentes e burros, rápidos e lentos. Na Railside, os alunos não falavam dessa forma. Isso não quer dizer que eles se achavam todos iguais, mas, sim, que passaram a apreciar a diversidade da turma e os vários atributos que cada um oferecia. Como Zane descreveu para mim: "Todo mundo lá está em um nível diferente. Mas o que torna a aula boa é que todos estão em níveis diferentes, então todos estão constantemente ensinando e ajudando uns aos outros". Os professores da Railside seguiam uma abordagem chamada Ensino para Equidade,[1] um método que visa a tornar o trabalho em grupo mais eficaz e a promover equidade nas salas de aula. Eles enfatizavam que todas as crianças eram inteligentes e tinham pontos fortes em diferentes áreas e que todos tinham algo importante a oferecer quando se trabalha com matemática.

Como parte de nosso projeto de pesquisa, comparamos a aprendizagem dos alunos da Railside com a de grupos de alunos de tamanho similar em outras duas escolas de ensino médio que estavam aprendendo matemática por meio de uma abordagem mais típica e tradicional. Nas turmas tradicionais, os alunos sentavam-se em filas em mesas individuais, não discutiam matemática, não representavam relações algébricas de maneiras diferentes e geralmente não trabalhavam em problemas aplicados ou visuais. Em vez disso, observavam o professor demonstrar os procedimentos no início das aulas e depois trabalhavam em livros didáticos cheios de perguntas curtas e procedimentais. As duas escolas que utilizavam a abordagem tradicional eram localizadas em bairros de maior nível socioeconômico, e seus alunos começavam a estudar com níveis mais altos de desempenho em matemática do que os alunos da Railside. Mas, no final do primeiro ano de nossa pesquisa, os alunos da Railside estavam atingindo os mesmos níveis dos alunos das escolas dos bairros mais abastados em testes de álgebra; ao final do segundo ano, os alunos da Railside estavam superando os outros alunos em testes de álgebra e geometria.

Além do alto rendimento na Railside, os alunos aprenderam a gostar de matemática. Em pesquisas administradas em vários momentos durante os quatro anos do estudo, os alunos da Railside sempre foram significativamente mais favoráveis e interessados em matemática do que os alunos das outras turmas. No último ano, um percentual espantoso de 41% dos alunos da Railside estava em turmas avançadas de pré-cálculo e cálculo, em comparação com apenas 23% dos alunos das turmas tradicionais. Além disso, ao final do estudo, quando entrevistamos 105 estudantes (principalmente veteranos) sobre seus planos para o futuro, quase todos os alunos das turmas tradicionais disseram que haviam decidido não seguir a matemática como matéria – mesmo quando haviam sido bem-sucedidos. Apenas 5% dos alunos das turmas tradicionais planejavam um futuro em matemática, em comparação com 39% dos alunos da Railside.

Havia muitas razões para o êxito dos alunos da Railside. Vale destacar a oportunidade que tiveram de trabalhar em problemas interessantes, os quais exigiam que eles pensassem (não apenas reproduzissem métodos) e discutissem matemática uns com os outros, aumentando o seu interesse e prazer. Mas havia outro aspecto importante da abordagem da escola que é muito mais raro – os professores colocavam em prática uma concepção expandida de matemática e "inteligência". Os professores da Railside sabiam que ser bom em matemática envolve muitas maneiras diferentes de trabalhar, como nos dizem os relatos dos matemáticos. Ser bom em matemática envolve fazer perguntas, desenhar figuras e gráficos, reformular problemas, justificar métodos e representar ideias, além de calcular com procedimentos. Em vez de apenas reorientar o uso correto dos procedimentos, os professores encorajavam e recompensavam todas essas maneiras diferentes de ser matemático. Em entrevistas com alunos das turmas tradicionais e da Railside, perguntamos a eles o que era necessário para ser bem-sucedido na aula de matemática. Os alunos das turmas tradicionais foram unânimes: todos disseram que era preciso prestar atenção – observar o que o professor fazia e depois fazer o mesmo. Quando perguntamos aos alunos das turmas da Railside, eles mencionaram muitas atividades diferentes, como fazer boas perguntas, reescrever problemas, explicar ideias, ser lógico, justificar métodos, representar ideias e ver um problema de uma perspectiva diferente. Simplificando, uma vez que havia muitas outras maneiras de ser bem-sucedido na Railside, muito mais alunos tiveram bom êxito.

Janet, uma das calouras, descreveu como a Railside era diferente de sua experiência no ensino fundamental: "Nos tempos do ensino fundamental, a única coisa em que você trabalhava era em suas habilidades em matemática. Mas aqui você trabalha socialmente e também tenta aprender a ajudar e obter ajuda das pessoas. Você melhora suas habilidades sociais, habilidades matemáticas e habilidades lógicas". Outra estudante, Jasmine, também falou sobre a variedade na abordagem da Railside: "Com matemática você tem que interagir com todo mundo, conversar com os colegas e responder às suas perguntas. Você não pode simplesmente dizer 'Aqui está o livro. Veja os números e descubra'". Perguntamos a Jasmine por que a matemática era assim. Ela respondeu: "Não tem só um jeito de fazer... É mais interpretativo. Não tem só uma resposta. Há mais de uma maneira de conseguir. E então é mais parecido com 'por que isso funciona?'". Os alunos destacaram que os problemas de matemática podem ser resolvidos de diversas formas, elencando ainda o importante papel desempenhado pela justificação e pelo raciocínio matemático. Os alunos da Railside reconheceram que ajudar, interpretar e justificar eram essenciais e valorizados em suas aulas de matemática.

Além disso, os professores da Railside eram muito cuidadosos ao identificar e conversar com os alunos sobre todos os tipos de inteligência. Eles estavam cientes que estudantes – e adultos – muitas vezes são muito prejudicados em seu trabalho matemático por pensarem que não são suficientemente espertos. Eles também sabiam que todos os alunos poderiam contribuir muito para a matemática, encarregando-se, então, de identificar e incentivar as virtudes dos alunos. Isso compensava. Qualquer visitante da escola ficaria impressionado com a motivação e o interesse dos estudantes, que acreditavam em si mesmos e sabiam que poderiam ser bem-sucedidos em matemática.

A ABORDAGEM BASEADA EM PROJETOS

Phoenix Park School

No dia em que entrei na Phoenix Park School, em uma área de baixa renda na Inglaterra, não sabia o que esperar. Tinha convidado o departamento de matemática da escola para fazer parte do meu projeto de pesquisa. Sabia que o departamento usava uma abordagem baseada em projetos, mas não sabia muito mais do que isso. Atravessei o pátio e entrei nos prédios da escola naquela primeira manhã com certa apreensão. Um grupo de estudantes reuniu-se no lado de fora da sala de aula na hora do intervalo e perguntei a eles o que eu deveria esperar da aula de matemática que estava prestes a ver. "Caos", disse um dos estudantes. "Liberdade", disse outro. Suas descrições eram curiosas e me deixaram mais empolgada para assistir à aula. Cerca de três anos mais tarde, depois de acompanhar os alunos pela escola, observando centenas de aulas e pesquisando o aprendizado deles, entendi exatamente o que eles queriam dizer.

Este seria meu primeiro projeto de pesquisa longitudinal sobre diferentes formas de aprender matemática e, como no estudo da Railside, assisti a centenas de horas de aulas, entrevistei, fiz levantamentos entre os alunos e realizei várias avaliações. Escolhi seguir uma geração inteira de alunos em cada uma das duas escolas, desde quando tinham 13 anos até os 16 anos. Uma das escolas, Phoenix Park, usava uma abordagem baseada em projetos, e a outra, Amber Hill, usava a abordagem tradicional mais típica. As duas escolas foram escolhidas devido às suas diferentes abordagens, mas também porque suas admissões de estudantes eram demograficamente muito semelhantes, os professores eram bem qualificados e os alunos seguiram exatamente as mesmas abordagens de matemática até os 13 anos, quando começou minha pesquisa. Naquela época, os alunos das duas escolas pontuavam nos mesmos níveis em testes nacionais de matemática. Depois, seus caminhos matemáticos divergiam.

As salas de aula da Phoenix Park pareciam caóticas. A abordagem baseada em projetos significava que havia muito menos ordem e controle do que nas abordagens tradicionais. Em vez de ensinar os procedimentos que os alunos praticariam, os professores faziam os alunos trabalhar em projetos que *requeriam* métodos matemáticos. Desde o início do 8º ano do ensino fundamental (quando os alunos ingressavam na escola) até a 1ª série do ensino médio, os alunos trabalhavam em projetos abertos em todas as aulas. Os alunos não estudavam áreas separadas de matemática, como álgebra ou geometria, pois as escolas inglesas não separam a matemática dessa maneira. Em vez disso, eles aprendiam "matemáticas", a disciplina inteira, todos os anos. Os alunos eram ensinados em grupos de habilidades mistas, e os projetos geralmente duravam cerca de três semanas.

No início dos diferentes projetos, os professores apresentavam um problema ou um tema que os alunos exploravam, usando suas próprias ideias e os métodos matemáticos que estavam aprendendo. Os problemas geralmente eram muito abertos para que os alunos pudessem levar o trabalho em direções que os interessassem. Por exemplo, em "Volume 216", dizia-se aos alunos simplesmente que o volume de um objeto era 216, e eles eram convidados a ir para casa e pensar sobre que objeto poderia ser, que dimensões ele poderia ter e como seria sua aparência. Às vezes, antes que os alunos começassem um novo projeto, os professores lhes ensinavam conteúdo matemático que poderia lhes ser útil. Mais especificamente, porém, os professores apresentavam métodos a indivíduos ou pequenos grupos quando eles se mostrassem necessários dentro do projeto específico em que estavam trabalhando. Simon e Philip, alunos da 1ª série do ensino médio descreveram para mim a abordagem matemática da escola da seguinte maneira:

S: Em geral, primeiro definimos uma tarefa e aprendemos as habilidades necessárias para realizá-la e então continuamos com a tarefa e pedimos ajuda ao professor.

P: Ou você acabou de definir a tarefa e começa a abordá-la... Você explora as diferentes coisas, e eles o ajudam a fazer isso... então habilidades diferentes são meio que adaptadas para tarefas diferentes.

JB: E vocês todos fazem a mesma coisa?

P: Todos recebem a mesma tarefa, mas como você procede, como você faz e em que nível você faz muda, não é?

Os alunos tinham um grau incomum de liberdade nas aulas de matemática. Eles geralmente podiam optar entre diferentes projetos para trabalhar e eram encorajados a decidir a natureza e a direção de seu trabalho. Às vezes, os diferentes projetos variavam de dificuldade, e os professores orientavam os alunos para projetos que consideravam adequados aos seus pontos fortes. Durante uma das minhas visitas às salas de aula, os alunos estavam trabalhando em um projeto chamado "Trinta e seis cercas". O professor iniciou o projeto pedindo a todos os alunos que se reunissem em volta do quadro na frente da sala. Houve muita troca de cadeiras enquanto os alunos se movimentavam para a frente, formando um arco ao redor do quadro. O professor Jim Collins explicou que um agricultor tinha 36 segmentos de cerca, cada um com um metro de comprimento, e que ele queria uni-los para cercar a maior área possível. Jim então perguntou aos alunos de que forma eles achavam que as cercas poderiam ser dispostas. Os alunos sugeriram um retângulo, um triângulo ou quadrado. Jim perguntou: "Que tal um pentágono?". Os alunos pensaram e falaram sobre isso. O professor perguntou se eles queriam que formas irregulares fossem permitidas.

Depois de alguma discussão, Jim pediu aos alunos que voltassem para suas mesas e pensassem na maior área possível que as cercas poderiam formar. Os alunos do Phoenix Park foram autorizados a escolher com quem queriam trabalhar e alguns deles deixaram a discussão para trabalhar sozinhos, enquanto a maioria trabalhava em pares ou grupos de sua escolha. Alguns estudantes começaram investigando tamanhos diferentes de retângulos e quadrados, alguns construíram gráficos para investigar como as áreas mudavam com comprimentos laterais diferentes. Susan estava trabalhando sozinha, investigando hexágonos, e me explicou que estava ocupando-se da área de um hexágono regular dividindo-o em seis triângulos e que tinha desenhado um dos triângulos separadamente. Ela disse que sabia que o ângulo no topo de cada triângulo deveria ser de 60°, assim ela poderia desenhar os triângulos em escala usando um compasso e encontrar a área medindo a altura.

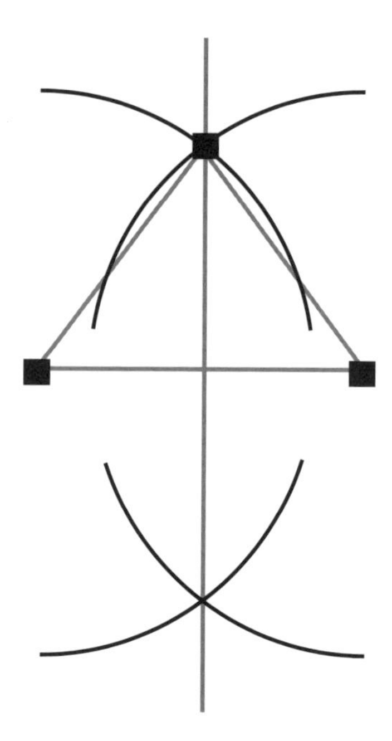

Deixei Susan trabalhando e fui me sentar com um grupo de meninos. Mickey havia descoberto que a maior área para um retângulo com perímetro 36 é 9 × 9. Isso lhe deu a ideia de que formas com lados iguais podem formar áreas maiores e ele começou a pensar em triângulos equiláteros. Mickey parecia muito interessado em seu trabalho e estava prestes a desenhar um triângulo equilátero quando foi distraído por Ahmed, que lhe disse para esquecer os triângulos, pois descobrira que a forma com a maior área feita de 36 cercas era uma forma de 36 lados. Ahmed disse a Mickey para encontrar a área de uma forma de 36 lados também e inclinou-se sobre a mesa animadamente, explicando como fazer isso. Ele explicou que você divide a forma de 36 lados em triângulos, e todos os triângulos devem ter uma base de 1 cm. Mickey entrou na conversa, dizendo: "Sim. Seus ângulos devem ser de 10°!". Ahmed disse: "Sim, mas você tem que encontrar a altura e para isso você precisa do botão tan em sua calculadora, T-A-N. Eu vou lhe mostrar como. O senhor Collins acabou de me mostrar".

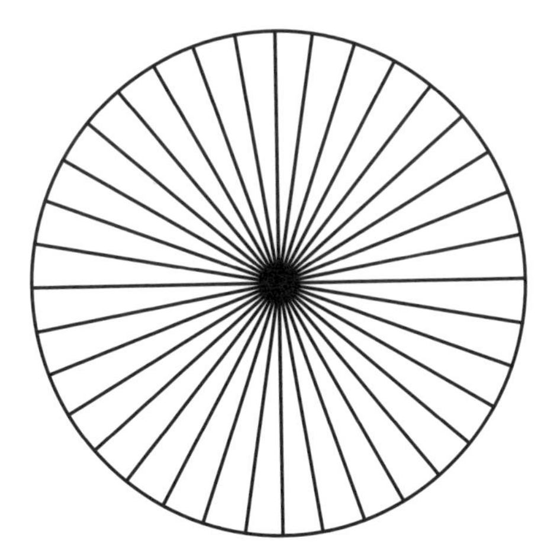

Mickey e Ahmed se aproximaram, usando a relação da tangente para calcular a área.

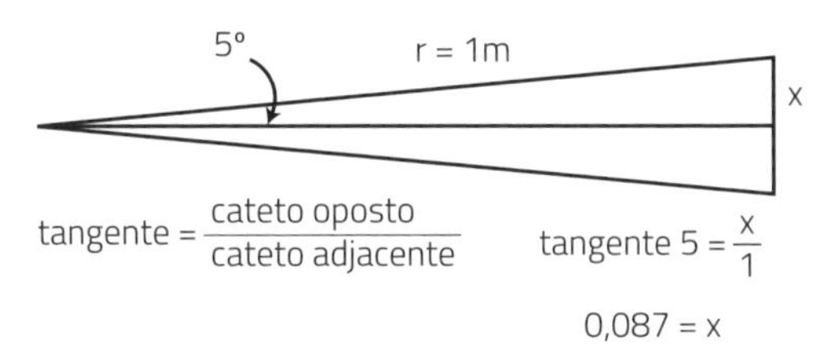

Enquanto a turma trabalhava em suas investigações sobre 36 cercas, muitos dos alunos dividiam formas em triângulos. Isso deu ao professor a oportunidade de apresentar razões trigonométricas. Os alunos ficaram animados por aprender sobre relações trigonométricas, pois elas permitiram que eles fossem mais longe em suas investigações.

Na Phoenix Park, os professores ensinavam métodos matemáticos para ajudar os alunos a resolver problemas. Os estudantes aprenderam sobre estatística e probabilidade, por exemplo, enquanto trabalhavam em um conjunto de atividades chamado "Interpretando o mundo". Durante esse projeto, eles interpretaram dados sobre frequência à faculdade, gravidez, resultados de futebol e outros assuntos de interesse deles. Os alunos aprenderam sobre álgebra enquanto investigavam diferentes padrões e os representavam simbolicamente; aprenderam sobre trigonometria nos projetos "Trinta e seis cercas" e investigando as sombras dos objetos. Os diferentes projetos foram cuidadosamente escolhidos pelos professores para interessar os alunos e fornecer oportunidades para aprender conceitos e métodos matemáticos importantes. Alguns projetos eram aplicados, exigindo que os alunos se envolvessem com situações do mundo real; outras atividades se iniciaram com um contexto, tais como as 36 cercas, mas levaram a investigações abstratas. Conforme trabalhavam, os alunos aprendiam novos métodos, escolhiam os métodos que conheciam, adaptavam e aplicavam ambos. Não é de surpreender que os estudantes da Phoenix Park passaram a ver os métodos matemáticos como ferramentas flexíveis para resolução de problemas. Quando entrevistei Lindsey no segundo ano da escola, ela descreveu a abordagem matemática: "Bem, se você encontrar uma regra ou um método, tente adaptá-lo a outras coisas. Quando encontramos essa regra que funcionou com os círculos, começamos a calcular os percentuais e depois a adaptamos, de modo que levamos a regra mais além e demos passos adiante, tentando adaptá-la a novas situações".

Os alunos receberam muitas opções enquanto trabalhavam. Eles podiam escolher se trabalhariam em grupos, em pares ou sozinhos. Muitas vezes recebiam opções sobre atividades para trabalhar e sempre eram encorajados a levar os problemas para direções que lhes interessavam e a trabalhar em níveis apropriados. A maioria dos estudantes apreciava essa liberdade matemática. Simon me disse: "Você é capaz de explorar. Não há muitos limites e isso é mais interessante". A disciplina não era muito rígida na Phoenix Park, e os alunos também tinham muita liberdade para trabalhar ou não.

Amber Hill School

Na Amber Hill School, os professores usaram a abordagem tradicional que é comum na Inglaterra e nos Estados Unidos. Os professores começavam as aulas falando em frente ao quadro, apresentando métodos matemáticos aos alunos. Os alunos, então, trabalhavam com exercícios em seus livros. Quando aprendiam trigonometria, os estudantes da Amber Hill não eram introduzidos no assunto como uma maneira de resolver problemas. Em vez disso, eles foram instruídos a lembrar:

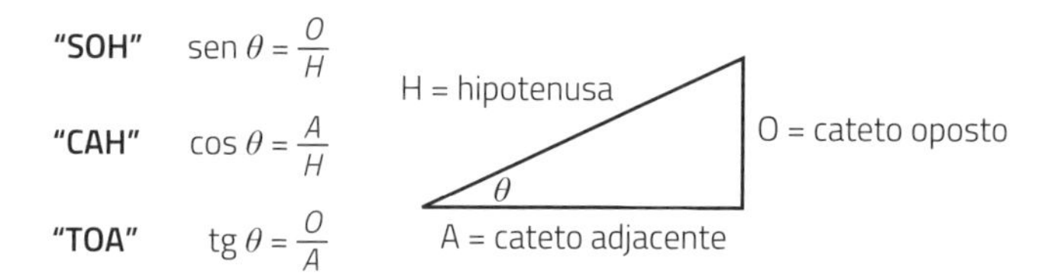

E praticavam trabalhando com muitas perguntas curtas. Os exercícios em Amber Hill eram especialmente constituídos de pequenas perguntas de matemática contextualizadas, como:

Helen anda de bicicleta por 1 hora a 30 km/hora e por 2 horas a 15 km/hora. Qual é a velocidade média de Helen no passeio?

As salas de aula eram pacíficas e tranquilas, e os alunos trabalhavam em silêncio na tarefa em quase todas as aulas. Os alunos sempre se sentavam em duplas e podiam conversar em voz baixa – geralmente conferindo as respostas uns com os outros –, mas não eram incentivados a travar discussões matemáticas. Durante os três anos em que acompanhei os alunos em sua trajetória escolar, observei que eles se esforçavam, mas também que a maioria não gostava de matemática. Os alunos da Amber Hill passaram a acreditar que a matemática era uma matéria que só envolvia a memorização de regras e procedimentos. Como Stephen descreveu para mim: "Em matemática, há uma certa fórmula a se chegar, digamos de *a* para *b*, e não há outro jeito de chegar a ela. Ou talvez haja, mas você precisa se lembrar da fórmula, você tem de lembrar". Mais preocupante, os alunos da Amber Hill estavam tão convencidos da necessidade de memorizar os métodos que lhes eram mostrados, que muitos deles não viam nenhum lugar para o pensamento. Louise, uma aluna do grupo mais adiantado, me disse: "Em matemática você tem de lembrar. Em outras matérias, você pode pensar sobre o assunto".

A abordagem da Amber Hill estava em total contraste com a da Phoenix Park. Os alunos da Amber Hill passavam mais tempo em tarefas, mas achavam que a matemática era um conjunto de regras que precisavam ser memorizadas, e poucos deles desenvolviam os níveis de interesse que os alunos da Phoenix Park mostravam. Nas aulas, os alunos da Amber Hill eram frequentemente bem-sucedidos, acertando muitas questões em seus exercícios, não por entenderem as ideias matemáticas, mas seguindo as dicas. Por exemplo, a maior dica aos alunos sobre como responder a uma pergunta era o método que recém tinha sido explicado no quadro. Os alunos sabiam que se usassem o método que tinha acabado de ser exposto, eles provavelmente resolveriam as questões. Eles também sabiam que quando passassem do exercício A para o exercício B estariam fazendo algo um pouco mais complicado. Outras dicas incluíam o uso de todas as linhas que lhes foram oferecidas em um diagrama e de todos os números em uma pergunta; caso não usassem todos eles, pensariam que estavam fazendo algo errado. Infelizmente, as mesmas dicas não estavam presentes nos exames, como Gary me contou, ao descrever por que achava os exames difíceis: "É diferente e, do jeito que está lá, não é igual. Não te dizem – a história, a questão; não é igual aos livros; o jeito como o professor resolve". Gary parecia estar sugerindo, como eu tinha visto em minhas observações, que a história ou a pergunta em seus livros frequentemente revelavam o que eles tinham que fazer, mas as perguntas do exame não. Trevor também falou sobre dicas quando explicou por que sua nota no exame não tinha sido boa: "Você pode pegar uma pista, quando o professor diz algo como 'equações simultâneas' ou 'gráficos' ou 'graficamente'. Quando eles falam assim, sabe, isso aciona a pista, diz o que é para fazer". Perguntei a ele: "O que acontece no exame quando você não tem isso?". Ele deu uma resposta clara: "Você entra em pânico".

Na Inglaterra, todos os estudantes fazem o mesmo exame nacional de matemática aos 16 anos. O exame é uma prova tradicional de três horas, composta por questões curtas de matemática. Apesar da diferença na abordagem de cada escola, a preparação de última hora dos alunos para o exame foi bastante semelhante, pois ambas as escolas deram aos alunos as folhas de exames anteriores para trabalhar e praticar. Na Phoenix Park, os professores pararam o trabalho do projeto algumas semanas antes do exame e se concentraram em ensinar os métodos-padrão que os alunos talvez não tivessem conhecido. Eles passaram mais tempo lecionando no quadro, e as salas de aula pareciam semelhantes (resumidamente) às da Amber Hill.

Muitas pessoas esperavam que os alunos da Amber Hill fossem se sair bem nos exames, já que sua abordagem deveria ser orientada ao exame, mas foram os alunos da Phoenix Park que alcançaram notas significativamente melhores. Os alunos da Phoenix Park também obtiveram notas mais altas do que a média nacional, apesar de terem iniciado a escola em níveis significativamente inferiores aos da média nacional. O êxito dos alunos da Phoenix Park no exame surpreendeu as pessoas na Inglaterra, e o estudo foi noticiado em todos os jornais nacionais. As pessoas acreditavam que uma abordagem baseada em projeto resultaria em ótimos solucionadores de problemas, mas elas não pensavam que uma abordagem que fosse descontraída e baseada em projetos sem "exercícios de treinamento" também poderia resultar em notas mais altas.

As manchetes não foram exatamente as que eu teria escolhido, mas a abordagem estava recebendo a legítima atenção.

Os alunos da Amber Hill enfrentaram muitas dificuldades no exame, o que eles não esperavam, pois tinham se esforçado muito nas aulas. Os estudantes da Amber Hill sempre foram apresentados a métodos e depois os praticavam. No exame, eles precisavam escolher métodos para usar e muitos deles acharam isso difícil. Como Alan me explicou: "É realmente estúpido, porque quando você está na aula, fazendo o trabalho – mesmo quando está difícil – você erra em um ou dois que são estranhos, mas na maioria deles você acerta e pensa: 'Bem, quando eu for

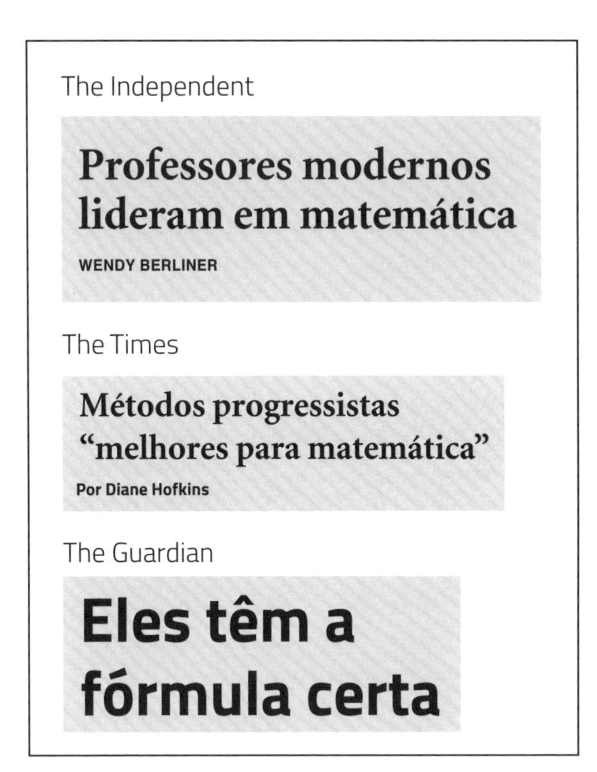
The Independent

Professores modernos lideram em matemática

WENDY BERLINER

The Times

Métodos progressistas "melhores para matemática"

Por Diane Hofkins

The Guardian

Eles têm a fórmula certa

ao exame, vou acertar a maioria deles', porque você acerta todos os seus capítulos. Mas não acerta.". Mesmo nas perguntas do exame, quando era óbvio quais métodos usar, os alunos da Amber Hill frequentemente confundiam os passos que tinham aprendido. Por exemplo, quando os alunos da Amber Hill responderam a uma pergunta sobre equações simultâneas, tentaram usar o procedimento-padrão que haviam aprendido, mas apenas 26% dos alunos usaram o procedimento corretamente. Os demais usaram uma versão confusa e desorganizada do procedimento e não receberam nenhum crédito pela resposta.

Os alunos da Phoenix Park não conheciam todos os métodos de que necessitavam no exame, mas tinham aprendido a resolver problemas, e abordaram as questões do exame da mesma forma flexível com que abordavam seus projetos – escolhendo, adaptando e aplicando os métodos que haviam aprendido. Perguntei a Angus se ele achava que havia coisas no exame que não tinham visto antes. Ele pensou um pouco e disse: "Bem, às vezes eu suponho que eles colocam de um jeito que confunde. Mas se há coisas que eu nunca fiz antes, vou tentar fazer o melhor que puder, tentar entender e responder da melhor maneira possível, e se estiver errado, está errado".

Os alunos da Phoenix Park não se saíram melhor apenas nos exames. Como parte da minha pesquisa, investiguei a utilidade da metodologia para a vida dos alunos. Uma forma de medir isso foi aplicando uma série de avaliações durante os três anos, a fim de verificar como os alunos usavam a matemática em situações da vida real. Na "atividade arquitetônica", por exemplo, os alunos tinham que medir uma casa modelo, usar uma planta em escala, estimar e decidir sobre as dimensões apropriadas da casa. Os alunos da Phoenix Park superaram os alunos da Amber Hill em todas as diferentes avaliações. Quando terminei a pesquisa, a maioria dos alunos trabalhava à noite e nos finais de semana. Quando entrevistei os alunos de ambas as escolas sobre o uso da matemática fora da sala de aula, constatei grandes diferenças. Todos os 40 alunos da Amber Hill que entrevistei disseram que nunca usavam os métodos aprendidos na escola em qualquer situação fora dela. Como Richard me disse: "Bem, quando estou fora da escola, a matemática daqui não tem nada a ver com isso, para dizer a verdade... A maioria das coisas que aprendemos na escola não usamos em parte alguma". Os alunos da Amber Hill achavam que a matemática escolar era um tipo estranho de código que só é usado em um lugar – na sala de aula de matemática – e desenvolveram a ideia de que seu conhecimento matemático escolar tinha limites ou barreiras a seu redor, o que a mantinha firmemente dentro da sala de aula de matemática.[2,3]

Na Phoenix Park, os alunos tinham confiança de que usariam os métodos que aprenderam na escola. Eles me deram exemplos de utilização da matemática escolar em seus trabalhos e em suas vidas. De fato, muitas descrições dos alunos sugerem que eles aprenderam matemática de uma maneira que transcendia os limites que geralmente existem entre a sala de aula e situações reais.[4]

Matemática para a vida

Alguns anos depois, entrei em contato com os ex-alunos da Amber Hill e da Phoenix Park. Naquela época, eles tinham aproximadamente 24 anos. Conversamos sobre a utilidade do ensino de matemática que eles tinham recebido. Como muitas vezes já haviam me perguntado sobre o futuro dos alunos depois que saíam das escolas, decidi descobrir. Enviei questionários para os endereços dos ex-alunos e realizei entrevistas de aprofundamento. Como parte da pesquisa, perguntei aos jovens no que eles estavam trabalhando. Classifiquei então todos os empregos e os situei em uma escala de classe social, o que dá alguma indicação do profissionalismo de seus empregos e de seus salários. Isso revelou algo muito interessante. Na época em que os estudantes frequentavam a escola, seus níveis socioeconômicos (determinados pelos empregos dos pais) eram iguais. Oito anos depois do meu estudo, os jovens adultos da Phoenix Park estavam trabalhando em empregos mais altamente qualificados ou profissionais do que os adultos da Amber Hill, embora a faixa de aproveitamento escolar daqueles que haviam respondido às pesquisas das duas escolas tivesse sido igual. Comparando os empregos dos jovens com seus pais, 65% dos adultos da Phoenix Park tinham empregos que eram mais profissionais do que os dos pais, em comparação com 23% dos adultos da Amber Hill; 52% dos adultos da Amber Hill estavam em empregos menos profissionais do que seus pais, em comparação com apenas 15% dos adultos da Phoenix Park. Na Phoenix Park, havia uma tendência ascendente nas carreiras e no bem-estar econômico. Na Amber Hill, não, o que é especialmente digno de nota considerando que a Phoenix Park estava localizada em uma zona menos próspera.

Quando viajei de volta para a Inglaterra para conduzir as entrevistas de aprofundamento, entrei em contato com um grupo representativo de cada escola, escolhendo jovens adultos com notas de exame comparáveis. Nas entrevistas, os adultos da Phoenix Park comunicaram uma atitude positiva diante do trabalho e da vida, descrevendo de que forma usavam a abordagem de solução de problemas que aprenderam em suas aulas de matemática para resolver problemas e compreender situações matemáticas em suas vidas. Adrian, que havia estudado economia em uma universidade, me disse que "com frequência a gente recebe muito conteúdo contendo gráficos de situações econômicas em países e coisas assim. E eu sempre as observava muito criticamente. E acho que a matemática que aprendi é muito útil para ver exatamente como alguma coisa está sendo apresentada ou se está sendo tendenciosa".

Quando perguntei a Paul, gerente sênior de um hotel regional, se ele achava que a matemática que aprendera na escola era útil, ele disse: "Suponho que havia muitas coisas que posso relacionar com matemática na escola. Sabe, trata-se de ter uma espécie de conceito, não é, de espaço e números e de como você pode relacionar isso com o passado. E então, tudo bem, se você tem uma ideia sobre alguma coisa e como você usaria a matemática para resolvê-la... Eu suponho que a matemática envolve resolução de problemas para mim. É uma questão de números, de resolução de problemas, de ser lógico".

Enquanto os jovens da Phoenix Park falavam da matemática como uma ferramenta de resolução de problemas, e geralmente eram muito positivos em relação à abordagem de sua escola, os alunos da Amber Hill não conseguiam entender por que a abordagem matemática da escola os havia preparado tão mal para as exigências do trabalho. Bridget falou com tristeza: "Nunca teve relação com a vida real, não sinto. Não sinto que tinha. E eu acho que teria sido muito melhor se eu pudesse ter entendido no que eu poderia usar esse negócio... porque isso ajuda você a saber *por quê*. Você aprende *por que* é assim e *por que* acaba ali. E eu absolutamente acho que relacionar com a vida real é importante".

Marcos também ficou intrigado com o motivo pelo qual a abordagem matemática da escola parecia tão distante da vida e do trabalho dos estudantes: "Era algo que você só precisava lembrar em que ordem você fazia as coisas, e é isso. Não tinha significado para mim além daquele ponto – o que é uma vergonha. Porque quando você tem pais como os meus, que insistem na matemática e em dizer como ela é importante, e ter essa experiência na qual ela parece não ser importante para absolutamente nada. Era muito abstrato. E era quase puramente teórico. Como a maioria das coisas que são puramente teóricas, sem ter algum tipo de associação com algo tangível, você meio que esquece tudo".

Meu livro sobre o estudo das abordagens de Phoenix Park e Amber Hill, *Experiencing school mathematics*, ganhou um prêmio editorial nacional na Inglaterra e foi lido por milhares de leitores britânicos, norte-americanos e de outros países. Muitos professores entraram em contato comigo dizendo que gostariam de ensinar por meio de uma abordagem de solução de problemas semelhante à da Phoenix Park, mas que não poderiam devido à falta de apoio dos departamentos, da administração e dos pais. Mas agora é a hora de fazer modificações, compreender o otimismo e o entusiasmo que existem em relação à mudança na matemática e tomar decisões baseadas em pesquisa sobre a melhor educação matemática que podemos oferecer às crianças.

As duas abordagens pedagógicas que revisei foram objeto de estudos abrangentes e, embora tenham sido conduzidos em diferentes países, os resultados apontaram para a mesma conclusão: os alunos precisam estar ativamente envolvidos em sua aprendizagem e precisam estar engajados em uma forma ampla de matemática – usando e aplicando métodos, representando e comunicando ideias. Como professora em Stanford, sou frequentemente contatada por professores, autoridades distritais e pais que querem saber quais currículos são bons para usar nas aulas de matemática. Essa é uma pergunta que acho difícil responder, pois acredito fortemente que os professores são a parte mais importante de uma abordagem e que é difícil recomendar um livro ou um modelo curricular sem saber como um professor o está usando. Mas sem dúvida alguns livros foram escritos para envolver os alunos mais ativamente e alguns livros incluem problemas de matemática muito bons. No Apêndice B há uma lista com alguns desses livros, incluindo aqueles que considero serem de alta qualidade.

4

Adestrando o monstro

Novas formas de avaliação que incentivam a aprendizagem

Importa que as crianças norte-americanas sejam mais testadas do que em qualquer época do passado? Importa que elas sejam mais testadas do que estudantes no resto do mundo? E importa que os testes usados nos Estados Unidos sejam rejeitados pela maioria dos outros países? A resposta a todas essas perguntas é, evidentemente, sim. Os Estados Unidos estão fora de sincronia com o resto do mundo, não porque têm um melhor sistema de testes, como seria de esperar de um país com bons recursos, mas porque seu sistema de avaliação é desastroso. Os alunos são excessivamente testados em um grau ridículo, e os testes usados são prejudiciais – para escolas e professores e, mais importante, para a saúde, corações e mentes dos estudantes.

Alfie Kohn, autor de inúmeros livros sobre educação, escreve que "[...] a avaliação padronizada inchou e sofreu mutações, como uma criatura de um daqueles filmes de terror antigos, a ponto de agora ameaçar engolir totalmente nossas escolas".[1] De fato, o movimento de testagem engoliu muitas de nossas escolas e é hora de fazer algo a respeito. Felizmente, existe uma nova forma de avaliação que é tão poderosa e eficaz – não apenas para descobrir o que os alunos sabem, mas também para diagnosticar e melhorar a aprendizagem – que energizou todo um novo movimento. Chamada "avaliação para aprendizagem", ela tem, demonstrou-se, um efeito sobre a aprendizagem que, se implementado, elevaria a classificação dos Estados Unidos, em comparações internacionais, do meio do grupo para um lugar entre os cinco primeiros. Na Inglaterra, um livro chamado *English inside the black box*[2] (que detalhou os novos métodos de avaliação) vendeu dezenas de milhares de exemplares em um curtíssimo espaço de tempo. As escolas que usaram os métodos e fizeram parte de uma cuidadosa pesquisa[3] melhoraram significativamente o desempenho e as atitudes dos alunos em relação ao trabalho.

A avaliação para aprendizagem visa a criar aprendizes autorregulados – aprendizes que têm o conhecimento e a capacidade de monitorar a sua própria aprendizagem. O monstro da testagem tem seu maior impacto nas salas de aula de matemática e no aprendizado de matemática, e sabemos que a matemática tem o poder de esmagar o espírito dos jovens mais do que qualquer outra matéria. Como é maravilhoso, portanto, que haja uma nova maneira de avaliar a matemática (e outras matérias) que não aterroriza as crianças, não distorce o currículo e impulsiona os alunos para níveis mais elevados de aprendizagem. Se parece bom demais para ser verdade, por favor, continue lendo.

O QUE ESTÁ ERRADO COM O QUE TEMOS HOJE?

Nas escolas norte-americanas, os alunos são submetidos a testes padronizados e pouco abrangentes em matemática – assim como em outras matérias – desde muito pequenos. Embora a maioria dos países do mundo teste os alunos mediante questões que eles respondem por escrito e que são classificadas por especialistas treinados, os Estados Unidos usam testes de múltipla escolha que são corrigidos por máquinas. É difícil encontrar uma única questão de múltipla escolha usada na Europa – em qualquer avaliação nacional, em qualquer matéria, em qualquer nível, em qualquer país –, mas quase todas as questões de testes nos Estados Unidos são no formato de múltipla escolha. Suponho que haja quatro razões pelas quais outros países não usam questões de múltipla escolha em seus exames. Primeiro, eles querem avaliar a compreensão, o que inclui o raciocínio que as crianças fazem e expressam em palavras, números e símbolos. O que as crianças escolhem colocar no papel é o melhor indicador do que elas compreendem, não sua escolha de uma entre quatro opções, as quais podem não significar nada para elas. Segundo, os testes de múltipla escolha são conhecidos por serem tendenciosos – particularmente para estudantes de minorias. Existem evidências mistas sobre a tendenciosidade dos testes de múltipla escolha em meninas, pois sabemos que elas não se saem tão bem em testes como os SATs,* cujo objetivo é prever o desempenho universitário, mas depois superam os meninos em um grau significativo nos cursos de graduação.[4] Terceiro, submeter-se a testes de múltipla escolha cronometrados causa ansiedade e contribui para a nação de estudantes estressados que o país atualmente tem.[5] Quarto, a melhor coisa que os testes de múltipla escolha mostram é a capacidade de um aluno de concluir testes de múltipla escolha. Alguns alunos são bons nesse

* N. do T. Abreviatura de *Scholastic Aptitude Test* (Teste de Aptidão Escolar), exame educacional padronizado aplicado a estudantes do ensino médio nos Estados Unidos, que serve de critério para admissão nas universidades norte-americanas.

tipo de prova e se saem bem nelas, enquanto outros, incluindo os que são altamente inteligentes e instruídos, saem-se mal. Martin Luther King, por exemplo, um dos escritores mais influentes do país, ficou entre os 10% dos alunos com pontuação mais baixa nas seções de matemática e oral do *Graduate Record Examination*, apesar de ser um aluno tão brilhante que entrou na faculdade aos 16 anos.[6] Saber que um aluno se saiu bem ou mal em uma prova de múltipla escolha não diz muito sobre como ele lidará com material mais avançado ou resolverá problemas complexos no local de trabalho.

Além de depender de formatos de múltipla escolha, os testes de matemática usados na maioria dos estados norte-americanos são extremamente restritos. Eles não avaliam ideias, raciocínio ou resolução de problemas, os quais estão, todos, no cerne da matemática; em vez disso, eles avaliam o uso simples de procedimentos, concluídos em condições cronometradas. Os procedimentos são importantes, é claro, mas somente se puderem ser usados para resolver problemas. De que adianta os alunos conhecerem os procedimentos se não souberem quando devem usá-los ou como aplicá-los a problemas complexos? Um dos princípios mais importantes de bons testes é avaliar o que é importante. Os testes que predominam nos Estados Unidos não fazem isso. O pior disso não é o fato de os testes fornecem pouca informação, mas o impacto enorme e prejudicial naquilo que é ensinado nas escolas. Quase todos os professores de matemática nos Estados Unidos dirão que a pressão para preparar os alunos para testes padronizados prejudica seu ensino e o aprendizado de seus alunos. Na matemática, os professores têm de se concentrar em conhecimentos que podem ser testados, e não nos conhecimentos que são importantes para o trabalho ou para a vida. Os alunos também sofrem com um extremo estreitamento do currículo. Na Carolina do Norte, por exemplo, a pressão para realizar testes resultou em um declínio generalizado no ensino de ciências, estudos sociais, educação física e artes.[7]

Muitas pessoas nos Estados Unidos acham que o desempenho dos estudantes é baixo porque os professores são pouco qualificados ou não têm conhecimento. Em Stanford, ensino futuros professores de matemática altamente qualificados e comprometidos. São pessoas com diplomas de matemática de algumas das universidades mais prestigiosas do mundo, pessoas que recusaram carreiras muito mais lucrativas para poder ensinar. Elas sabem como é importante que os alunos aprendam a pensar e raciocinar, que estejam dispostos a resolver problemas complexos e sejam capazes de resolvê-los. Mas, ao mesmo tempo, os professores muitas vezes sentem-se incapazes de passar algum tempo ensinando os estudantes a fazer essas coisas enquanto são limitados pelos testes padronizados da Califórnia. Alfie Kohn cita uma professora que teve que interromper uma de suas atividades de ensino por causa dos testes.[8] Ela costumava pedir a seus alunos do ensino médio que se tornassem especialistas em um assunto, desenvolvendo suas habilidades de pesquisa e escrita. Essa foi uma experiência que seus alunos relembraram durante anos, que retrospectivamente consideraram como um destaque da escola, mas que foi forçada a acabar. Como Kohn escreve: "Dentro de cada sala de aula, 'as perguntas mais envolventes que as crianças trazem espontaneamente – 'momentos de aprendizagem' – tornam-se aborrecimentos'. A emoção de aprender puxa em uma direção; cobrir o material que cairá no teste puxa para outra [...]".[8] A eliminação de experiências de aprendizagem poderosas por não poderem ser reduzidas a conhecimento testável está prejudicando a educação norte-americana.

Os testes usados nos Estados Unidos são particularmente prejudiciais para crianças de baixa renda e para alunos cuja língua materna não é o inglês. Os Estados Unidos são atualmente um dos países mais desiguais do mundo, e a diferença entre o desempenho educacional dos ricos e dos pobres é imensa. A Lei No Child Left Behind Act (Nenhuma Criança Deixada para Trás), instituída pelo governo do presidente George W. Bush, tornou os testes padronizados obrigatórios em todo o país, com o suposto objetivo de erradicar as desigualdades. A ironia e a tragédia disso é que o movimento de avaliação piorou as desigualdades.

Também há evidências de que as perguntas padronizadas testam a tanto a linguagem quanto a matemática. Na Califórnia em 2004, houve uma correlação impressionante de 0,932 entre as pontuações dos alunos nas seções de matemática e de linguagem nos testes utilizados. Correlações tão altas entre dois testes nos dizem que os testes estão avaliando praticamente a mesma coisa. O mesmo teste feito duas vezes em momentos diferentes pode não resultar em uma correlação tão alta. Devemos esperar alguma correlação entre as pontuações das pessoas em testes de matemática e de artes de linguagem, pois bons alunos às vezes se saem bem em ambos, mas uma correlação de 0,932 é ridiculamente alta. E como as questões de linguagem não envolvem matemática, mas usam uma linguagem desnecessariamente complexa, só pode haver uma razão pela qual elas estão tão altamente correlacionadas: os testes matemáticos são, na verdade, testes de linguagem. Esses são os testes que estão sendo usados para julgar a compreensão matemática dos alunos e os testes que estão guiando os currículos nas escolas.

Estamos entrando em uma nova era de matemática do Common Core e de avaliações a ele associadas. Não estaremos livres dos testes padronizados, mas as novas avaliações prometem mudar fundamentalmente a maneira como as crianças são testadas, substituindo os temidos itens de múltipla escolha por itens de resposta livre em que os alunos explicam seu raciocínio. As novas avaliações são feitas por duas empresas diferentes, a Assessment of Readiness for College and Careers (PARCC) e o Smarter Balanced Assessment Consortium, que prometem avaliar a resolução de problemas em vez da repetição de procedimentos. Ainda é cedo demais para dizer se as empresas avaliadoras cumprirão as promessas feitas, mas temos de esperar que isso aconteça, pois a avaliação orienta o ensino.

Quando eu estava pesquisando na Railside High School,[9] com seu departamento de matemática, conheci Simon, da Nicarágua, que havia chegado aos Estados Unidos quando era menino. Simon me disse que os anos iniciais do ensino fundamental foram uma época de fracasso constante, já que ele não conseguia entender o que os professores estavam dizendo. Desde então, porém, frequentou escolas maravilhosas e se destacou em todas as matérias. Sempre feliz e sorridente, Simon era um daqueles alunos que os professores adoram ensinar. Ele nos contou que os professores da Railside o convenceram de que ele era inteligente e começou a acreditar em si mesmo e a ter sucesso. Quando conheci Simon, ele me disse que adorava matemática. Em diferentes avaliações, incluindo a nossa, de Stanford, ele se saiu extremamente bem. Apesar de tudo isso, ele não se saiu bem no teste padronizado administrado pelo estado da Califórnia – na época, os testes SAT-9. A razão para isso tinha pouco a ver com compreensão da matemática, mas tudo a ver com a linguagem e os contextos desconhecidos usados na prova e o formato estranho das perguntas.[10] Muitos dos alunos aprendizes de língua inglesa da Railside tiveram um mau desempenho nos testes, e os professores da Railside foram pressionados a gastar menos tempo em matemática importante e mais tempo no treinamento dos alunos para responder a um teste de múltipla escolha. Foi muito triste ver professores e alunos gastando seu tempo dessa forma, especialmente por estarem sendo afastados de importantes atividades matemáticas e oportunidades de aprendizagem.

Além do dano causado por testes inadequados que não avaliam a compreensão matemática, muitos dos alunos são adicionalmente punidos pelos boletins com resultados severos e comparativos. Quando os alunos recebem um rótulo dizendo-lhes onde estão em comparação com outros alunos, em vez de onde estão no aprendizado de matemática, isso não oferece informações úteis e é prejudicial para muitos alunos. Um teste deve comunicar aos alunos *o que* aprenderam e o quanto aprenderam *durante um período de tempo*. No mínimo, os testes devem definir para os estudantes o que eles sabem e não sabem, de modo que forneçam a eles informações para trabalhar.[11,2] Saber que você está se saindo pior do que os outros é simplesmente desmoralizante, como Simon descobriu. Simon havia aprendido muito na Railside e se esforçado ao máximo, mas suas chances eram pequenas ao fazer um teste usando linguagem complicada e contextos estranhos. Ele não se saiu bem no teste, mas em vez de descobrir em quais perguntas ele foi mal, para que pudesse trabalhar nelas, ou o quanto havia melhorado no último ano (muito), ele recebeu um rótulo dizendo em que posição havia sido classificado em comparação com os outros no país. Essa prática foi especialmente injusta, pois em alguns estados é permitido usar calculadoras nos testes, mas em seu estado (Califórnia) não. Simon foi simples e devastadoramente informado de que estava "abaixo da média". O rótulo que os pais de Simon receberam pelo correio fez com que ele questionasse sua capacidade, apesar de todas as suas conquistas na escola. Como ele nos disse: "Meus pais viram no gráfico SAT-9 que eu estava *abaixo da média* na maioria das coisas e especialmente em matemática. Eu estava, tipo, *abaixo da média*. Bem ali. A coisa é tipo *abaixo da média*, e você quer que seja um pouquinho acima da média".

Perguntei-lhe se isso afetava seu modo de pensar em suas habilidades como aprendiz de matemática. Ele disse que sim: "Você se esforçou tanto e então, de repente, eles dão um documento dizendo que está *abaixo da média* e você fica pensando... 'O quê? Eu trabalhei tanto.'".

Simon presumira razoavelmente que o resultado que recebeu deveria dizer-lhe algo sobre o quanto tinha se esforçado ou o que tinha aprendido em matemática, mas nenhuma dessas duas coisas aconteceu. Testes e medidas de comunicação, como as que Simon recebeu, podem *criar* alunos de baixo desempenho, minar sua confiança e dar-lhes uma identidade de baixo desempenho.

Claude Steele, um eminente psicólogo, demonstrou o dano causado pela "ameaça do estereótipo".[12] Ele descobriu que quando os alunos faziam um teste de matemática no qual registravam seu sexo no início do teste, as mulheres apresentavam um desempenho abaixo do esperado. Em seus estudos anteriores, ele descobriu que as mulheres que obtiveram baixo desempenho foram lembradas dessas diferenças no início do teste, mas em experimentos subsequentes ele descobriu que as pessoas não precisavam ser lembradas das diferenças porque os estereótipos estão sempre "no ar", e um simples registro disso em um teste produzia diferenças para as mulheres em matemática.[13] Pesquisadores mostraram o mesmo fenômeno para qualquer grupo que acha que poderia ter desempenho inferior. Isso inclui homens brancos que fazem um teste de golfe ao lado de homens negros, pois os homens brancos acreditam que serão jogadores de golfe superiores.[14] A pesquisa educacional – um campo que geralmente produz resultados conflitantes – mostra notável consistência sobre essa questão. Se você disser aos alunos que eles são de baixo desempenho, eles alcançam um nível mais baixo do que se você não dissesse isso. Quando Simon recebeu seu rótulo, quase a metade de todos os alunos do estado foi informada de que estava abaixo da média. Na época, os alunos foram informados de que eram "básicos", "abaixo do básico" ou até "muito abaixo do básico". A Califórnia, agora, está propondo o uso de níveis no lugar de palavras. Que impacto, imagino, aqueles que desenham esses sistemas acham que terão sobre a confiança dos alunos e sobre sua futura realização em matemática? A pesquisa nos diz que a confiança na capacidade de ser bem-sucedido na matemática é uma parte intrínseca do sucesso e da motivação. Os rótulos recebidos pelos alunos dizem a muitos deles que não adianta tentar.

O modo como os boletins de avaliação afetam a confiança dos alunos como aprendizes foi ilustrado de forma pungente por uma aluna de 10 anos na Inglaterra relatando os testes padronizados (chamados SATs) que ela estava prestes a realizar. Ela disse: "Estou com muito medo dos SATs. A senhora O'Brien chegou e conversou conosco sobre a nossa ortografia, e eu não sou boa em ortografia, e David [o professor da turma] está nos dando testes da tabuada de multiplicação todos os dias, e eu sou péssima em tabuada, então estou com medo de fazer os SATs e ser um nada". Quando o entrevistador tentou convencê-la de que ela jamais seria um "nada", não importasse o que acontecesse nos testes, a jovem insistiu que os testes a tornariam um nada. Os pesquisadores relataram que, embora ela fosse "uma exímia escritora, uma talentosa dançarina e uma artista, além de boa na resolução de problemas", os testes faziam com que se sentisse como uma "nulidade acadêmica".

Como se não bastasse os alunos terem de fazer testes de baixa qualidade e sofrer rotulagem grosseira e desmoralizante, muitos professores sentem a necessidade de treinar para esses testes usando testes semelhantes em suas salas de aula. Muitos dos professores de matemática que eu conheci nos Estados Unidos aplicam um teste por semana e um teste no final de cada capítulo do livro, que muitas vezes são réplicas das perguntas do capítulo. Alguns professores testam os alunos com mais frequência, e estes acabam gastando quase tanto tempo fazendo testes quanto aprendendo um material novo. Os professores raramente fazem qualquer coisa com os testes além de pontuá-los, devolver as pontuações e depois passar para a próxima seção de trabalho. Dylan Wiliam, um especialista internacional em avaliação, comparou essa prática a um piloto de um avião voando para longe e esperando pousar em Nova York. Depois de um certo período de tempo, o piloto aterrissa no aeroporto mais próximo e pergunta: "Cheguei a Nova York?". Quer tenham chegado ou não, todos os passageiros seriam instruídos a descer para que o avião pudesse voar ao próximo destino. Os professores norte-americanos normalmente fazem o equivalente – eles ensinam um capítulo ou uma unidade de estudo e, no final, fazem um teste. Eles então passam para outro capítulo, quer os alunos ainda estejam com eles ou não. Aplicar um teste no final do trabalho, sem indicadores intermediários de compreensão, significa que os professores pouco podem fazer com as informações obtidas nos testes, além de revisar as respostas para as perguntas malrespondidas. Os alunos que ficam confusos na primeira vez geralmente ficam confusos novamente. Com a pressão de um currículo sobrecarregado e com a falta de conhecimento sobre métodos de avaliação mais eficazes, os professores não empregam tempo usando avaliações *para melhorar a aprendizagem*.

Os professores muitas vezes lidam com a comunicação das pontuações nos testes igualmente mal, fornecendo aos alunos apenas informações suficientes para comparar seu desempenho com os outros. Essa devolutiva é minimamente útil para alguns e tem um impacto negativo em muitos. Quando os alunos recebem apenas uma porcentagem ou nota, eles não podem fazer muito mais do que compará-la com as dos outros colegas ao seu redor, com a metade ou mais decidindo que eles não são tão bons quanto os outros. Isso é conhecido como "devolutiva do ego", uma forma de devolutiva que foi considerada prejudicial à aprendizagem. Uma grande revisão da pesquisa de centenas de estudos mostrou que essa devolutiva tem um impacto negativo no desempenho em 38% dos casos. Se os alunos recebem notas que dizem que eles estão abaixo dos outros na turma, isso pode prejudicar tanto sua autoestima que ou eles desistem de matemática ou assumem a identidade de aluno de baixo desempenho. Não é realmente útil ser informado de que você acertou 65%, a menos que saiba como fazer melhor nos 35% restantes das perguntas respondidas incorretamente. Deevers[15] descobriu que os alunos que não recebiam notas e em seu lugar recebiam devolutivas construtivas positivas tiveram mais sucesso em seu trabalho posterior. Infelizmente, ele também descobriu que os professores davam devolutivas cada vez menos construtivas à medida que os alunos envelheciam. Quando explorou a relação entre as práticas de avaliação dos professores e as atitudes e crenças dos alunos sobre matemática, ele descobriu que a crença dos alunos na capacidade de melhorar sua própria aprendizagem e motivação para aprender diminuíram a uma taxa constante entre o 5º ano do ensino fundamental e o final do ensino médio.

Os testes padronizados, como aqueles impostos ao país pelo No Child Left Behind Act, bem como aqueles normalmente usados nas aulas de matemática nos Estados Unidos, não fornecem nenhuma informação que ajude os alunos a melhorar sua aprendizagem. Em vez disso, eles comparam os alunos entre si. Deveria haver alguns testes em grande escala em uso nas escolas – testes que visam a medir o desempenho de um aluno no final de um curso ou fornecer comparações nacionais ou estaduais –, mas eles não precisam ser de tão baixa qualidade como os administrados pela maioria dos estados e não devem ser testes de múltipla escolha. Os exames de Colocação Avançada (CA)* administrados no final dos cursos de CA são um bom exemplo de uma avaliação de melhor qualidade que pode ser administrada em grande escala sem prejudicar o currículo ou a aprendizagem. Dentro das salas de aula ainda há espaço para mais melhorias, e a abordagem de "avaliação

* N. de R.T. As disciplinas de Colocação Avançada são cursadas pelos estudantes durante o ensino médio e podem valer créditos em cursos de graduação, mediante a aprovação em exames administrados de forma centralizada nos Estados Unidos.

para aprendizagem" foi criada para revolucionar a forma como a avaliação é usada dentro das aulas.

A avaliação para aprendizagem é uma forma de análise que fornece informações úteis aos professores, aos pais e a outros, mas também capacita os alunos a se encarregarem de sua própria aprendizagem. A avaliação para aprendizagem diz aos alunos onde eles estão em seu caminho de aprendizagem, onde poderiam estar e o que precisam fazer para chegar lá. Ela garante aos alunos a motivação e o *poder* de regular e aprimorar sua própria aprendizagem, e existem maneiras específicas pelas quais os pais podem se envolver com essa nova abordagem para melhorar as chances de seus filhos na vida.

AVALIAÇÃO PARA APRENDIZAGEM

A avaliação para aprendizagem baseia-se no princípio de que os alunos devem ter uma noção clara e completa do que estão aprendendo, de onde se encontram no caminho para o domínio e do que precisam fazer para se tornarem bem-sucedidos. Os alunos recebem o conhecimento e as ferramentas para se tornarem aprendizes autorregulados, de modo que não dependam de acompanhar os planos de outra pessoa, com pouca consciência de para onde estão indo ou do que podem estar fazendo de errado. Pode parecer óbvio que os alunos devam ter clareza do que estão aprendendo e do que precisam fazer para ter êxito, mas na maioria das salas de aula de matemática eles têm muito pouca ideia disso. Visitei centenas de salas de aula e parei ao lado das mesas dos alunos para perguntar em que eles estavam trabalhando. Nas salas de aula tradicionais, eles geralmente me diziam em que página estavam ou em que exercícios estavam trabalhando. Se eu perguntasse: "Mas o que você está realmente fazendo?". Eles diziam coisas como: "Ah, eu estou fazendo o número três". Os alunos normalmente conseguem dizer os títulos dos capítulos em que estão trabalhando, mas eles não têm uma noção clara dos objetivos matemáticos que estão buscando, de que forma os exercícios nos quais trabalham se vinculam aos objetivos maiores que estão perseguindo ou das diferenças entre ideias mais e menos importantes. Isso torna muito difícil que os alunos, ou pais, façam qualquer coisa para melhorar a aprendizagem. Mary Alice White, que foi professora de psicologia na Columbia University, comparou a situação aos operários de um navio que podem receber pequenas tarefas e concluí-las todos os dias sem ter a menor ideia de para onde o navio está indo ou da viagem que estão empreendendo.

A primeira parte da abordagem de avaliação para aprendizagem envolve comunicação sobre o que está sendo aprendido e para onde os alunos estão indo. A segunda parte envolve conscientizar os alunos individualmente sobre onde estão no caminho para o sucesso, e a terceira parte envolve dar-lhes conselhos claros sobre como se tornar bem-sucedidos. A abordagem é chamada de "avaliação *para* aprendizagem" em vez de "avaliação *de* aprendizagem" porque ela visa a promover a aprendizagem, e todas as informações obtidas por meio da avaliação são utilizadas individualmente para impulsionar os aprendizes a maiores patamares de sucesso.

Então, como se alcança isso e como a avaliação para aprendizagem difere da avaliação tradicional em sala de aula? Em primeiro lugar, os alunos são conscientizados sobre o que estão, deveriam estar e poderiam estar aprendendo por meio de um processo de autoavaliação e avaliação por pares. Os professores estabelecem metas matemáticas para os alunos, não uma lista de títulos de capítulos ou de conteúdos, mas detalhes sobre as ideias importantes e as maneiras pelas quais elas estão vinculadas. Por exemplo, os alunos podem receber uma série de enunciados que descrevem a compreensão que deveriam ter desenvolvido durante um trabalho, com declarações, como: "Eu compreendi a diferença entre média e mediana e sei quando cada uma deve ser usada". Os enunciados são claros para que os alunos possam entender, comunicando aquilo que deve ser compreendido a partir de um trabalho. Os alunos então avaliam seu próprio trabalho ou o de seus colegas conforme os enunciados e decidem o que compreenderam, assim, os alunos passam a entender o objetivo das aulas com muito mais clareza. Ao revisar as metas de uma aula, semana ou unidade de trabalho, os alunos começam a se conscientizar sobre o que devem aprender e quais são as ideias importantes. Os pais também podem revisar os critérios para melhor conhecer as ideias e os conhecimentos nos quais os alunos estão trabalhando.

Em estudos sobre a prática de autoavaliação, os pesquisadores descobriram que os estudantes são incrivelmente perceptivos em relação à sua própria aprendizagem e não a superestimam ou subestimam. Consideram cuidadosamente as metas e decidem onde se encontram e o que compreendem ou não. Na avaliação por pares, os alunos são convidados a julgar o trabalho uns dos outros, novamente avaliando o trabalho com base em critérios claros. Isso tem se mostrado muito eficaz, em parte porque os alunos são frequentemente mais capazes de ouvir as críticas de seus colegas do que de um professor, e os colegas geralmente se comunicam de maneiras facilmente compreensíveis. É também uma excelente oportunidade para os alunos se conscientizarem dos critérios segundo os quais eles também estão sendo julgados. Uma forma de gerenciar a avaliação entre pares é pedir aos alunos que identifiquem "duas estrelas e um desejo" – eles devem selecionar, no trabalho de seus pares, duas coisas bem-feitas e uma área para melhorar. Quando os alunos são convidados a considerar os objetivos de sua aprendizagem, para si mesmos ou para seus colegas, eles se tornam muito bem informados sobre o que devem aprender, e isso faz uma enorme diferença.

As evidências do poder de conscientizar os alunos sobre o que se espera que eles aprendam vêm de um estudo muito cuidadoso conduzido por dois psicólogos: Barbara White e John Frederiksen.[11] Eles trabalharam com 12 turmas de 30 alunos estudando física. Uma unidade sobre força e movimento foi ensinada a cada uma das turmas, cujos alunos foram divididos em um grupo experimental e um grupo-controle. O grupo-controle utilizou alguns períodos de tempo em cada aula para discutir o trabalho, enquanto o grupo experimental passou o mesmo tempo realizando autoavaliação e avaliação por pares, considerando os critérios de avaliação. Os resultados foram dramáticos, com o grupo experimental superando o grupo-controle em três avaliações diferentes. Os maiores ganhos foram obtidos pelos alunos que anteriormente tinham apresentado o menor desempenho. Depois de passarem tempo analisando critérios e avaliando a si mesmos e a seus pares conforme esses critérios, os alunos anteriormente malsucedidos começaram a alcançar os mesmos níveis que os bem-sucedidos. Na verdade, os alunos do 7º ano que refletiram sobre os critérios pontuaram em níveis mais altos do que os alunos de física de Colocação Avançada em testes do ensino médio. White e Frederiksen concluíram que os alunos tinham sido malsucedidos anteriormente não por falta de habilidade, mas porque não sabiam realmente no que deviam focar.

Quando se exige que os alunos estejam cientes do que estão aprendendo e que avaliem se estão compreendendo, isso também fornece informações importantes para o professor. Por exemplo, considere uma atividade de avaliação para aprendizagem chamada "sinais de trânsito". Em algumas versões dela, os alunos são solicitados a colocar um adesivo vermelho, amarelo ou verde no trabalho para dizer se compreendem um novo conteúdo bem, um pouco ou absolutamente nada. Em outras versões, os professores dão aos alunos três copos de papel: um verde, um amarelo e um vermelho. Se um aluno achar que a aula está indo depressa demais, ele mostra o copo amarelo; aqueles que precisam que o professor pare podem mostrar o copo vermelho. Inicialmente, observou-se que os alunos relutavam em mostrar o copo vermelho, mas quando os professores pediram a alguém que estava mostrando o copo verde que oferecesse uma explicação, os alunos se sentiram mais dispostos a mostrar o copo vermelho quando não estavam entendendo alguma coisa. Outros professores usaram os sinais de trânsito para agrupar os alunos, às vezes fazendo os verdes e amarelos trabalharem juntos para lidar com os problemas entre si, enquanto os alunos vermelhos eram ajudados pelo professor a lidar com problemas mais profundos. E o mais importante, os próprios alunos estavam sendo solicitados a pensar sobre o que sabiam e eram capazes de fazer e sobre o que precisavam de mais ajuda. Isso auxilia estudantes e professores imensamente, uma vez que estes obtêm um retorno sobre seu ensino em tempo real – e não ao final de uma unidade ou trabalho, quando é tarde demais para fazer algo a respeito –, podendo oferecer as informações mais úteis aos alunos em um ritmo adequado.

Os métodos de autoavaliação e avaliação por pares servem ao duplo propósito de ensinar os alunos sobre os objetivos do trabalho e a natureza do trabalho de alta qualidade e fornecer informações sobre sua própria compreensão. Para os professores, esses métodos também fornecem informações críticas sobre a compreensão do aluno que podem ajudá-los a auxiliar os indivíduos da melhor maneira possível e a melhorar sua própria didática. Mas, como Paul Black e Dylan Wiliam observaram, esses novos métodos exigem mudanças fundamentais no comportamento de alunos e professores. Os alunos precisam deixar de ser alunos passivos para serem aprendizes ativos, assumindo a responsabilidade por seu próprio progresso, e os professores precisam estar dispostos a perder parte do controle sobre o que está acontecendo, o que alguns descreveram como assustador, mas, por fim, libertador. Como Robert, um professor da Two Bishops School, na Inglaterra, disse, ao refletir sobre sua nova abordagem de avaliação para aprendizagem: "[O que isso] fez por mim foi fazer eu me concentrar menos em mim e mais nas crianças. Eu tenho tido confiança para capacitar os alunos a seguir adiante".[16]

A terceira parte da abordagem de avaliação para aprendizagem – depois de conscientizar os alunos sobre o que precisa ser aprendido e como estão se saindo – envolve ajudar os alunos a saber *como* melhorar, o que é melhor obtido por meio de devolutivas diagnósticas. As professoras de psicologia Maria Elawar e Lyn Corno[17] formaram 18 professores do 6º ano em três escolas na Venezuela para dar devolutivas construtivas por escrito em resposta ao dever de casa de matemática, no lugar das notas que eles normalmente davam. Os professores aprenderam a comentar erros (dando sugestões específicas sobre como melhorar) e a fazer pelo menos uma observação positiva sobre o trabalho de cada aluno. Em um estudo experimental, a metade dos alunos recebeu notas de lição de casa como de costume (apenas notas), outra metade recebeu devolutivas construtivas. Os alunos que receberam devolutivas construtivas aprenderam duas vezes mais rápido que os alunos do grupo-controle, a diferença de desempenho entre os alunos do sexo masculino e feminino foi reduzida, e as atitudes dos alunos em relação à matemática tornaram-se significativamente mais positivas.

Em outro estudo interessante, Ruth Butler, professora de educação da Hebrew University of Jerusalem,[18] comparou três maneiras de dar devolutivas a diferentes grupos de alunos. Um grupo recebeu notas; um grupo recebeu comentários sobre seu trabalho, informando se critérios cuidadosamente explicados foram correspondidos; e um grupo recebeu tanto notas como comentários. Constatou-se que o grupo que recebeu comentários melhorou significativamente seu desempenho, enquanto os que receberam notas não. Mais surpreendente, talvez, foram aqueles que receberam tanto notas como comentários se saíram tão mal quanto aqueles que receberam apenas notas. Revelou-se que aqueles que receberam notas e comentários se concentraram apenas nas notas que receberam, o que serviu para anular quaisquer comentários. Sabe-se agora que a devolutiva diagnóstica e baseada em comentários promove a aprendizagem e deve ser o método-padrão para relatar o progresso dos alunos. Notas podem ser úteis para comunicar onde os alunos estão em relação uns aos outros, e não há problema em atribuí-las no final de um semestre ou período letivo, mas caso sejam dadas com mais frequência, elas reduzirão o desempenho de muitos alunos. Relatórios mais típicos devem ser compostos de devolutivas sobre a matemática que os alunos aprenderam, comentários claros sobre a matemática pela qual eles estão trabalhando e conselhos sobre como melhorar.

Um especialista em avaliação coloca isso de maneira simples: "O retorno aos alunos deve focar no que eles precisam fazer para melhorar, e não no quão bem eles se saíram, devendo-se evitar a comparação com os outros".[19] Isso faz todo o sentido. Treinadores dizem aos atletas como serem melhores; eles não dizem apenas uma nota. Então, por que os professores deveriam dizer, com tantas palavras, "Você é um aluno de baixo desempenho"? Como diz Royce Sadler, professor de ensino superior: "As condições indispensáveis para o aperfeiçoamento são que o aluno alcance um conceito de qualidade mais ou menos similar ao alcançado pelo professor, seja continuamente capaz de monitorar a qualidade do que está sendo produzido durante o próprio ato de produção e tenha um repertório de estratégias para usar em qualquer ponto".[20] A beleza da abordagem de avaliação para aprendizagem é que, além de oferecer informações críticas aos alunos, ela também fornece as mesmas informações importantes aos professores, ajudando-os a adaptar o ensino às necessidades de seus alunos.

O principal objetivo da avaliação para aprendizagem é o aperfeiçoamento da avaliação *em sala de aula*, mas os métodos também têm sido usados para melhorar as avaliações em larga escala, como aquelas usadas em níveis nacionais. Isso é importante porque sabemos que os professores tendem a imitar as avaliações estaduais e nacionais em suas próprias salas de aula. Em Queensland, na Austrália, por exemplo, o governo reconheceu a necessidade de boas avaliações que pudessem informar e aperfeiçoar a aprendizagem, em vez de avaliações tradicionais que simplesmente classificavam os alunos e criavam um sistema para garantir a objetividade. O sistema foi instaurado em 1971 e continuou evoluindo e sendo aprimorado desde então. Nele, os alunos são submetidos a duas avaliações: um "período de trabalho" com base na escola (no qual os professores avaliam o trabalho dos alunos em aula, que é moderado por um comitê) e um teste de competências essenciais. O teste é usado com o objetivo de comparar o desempenho entre as matérias. Se houver uma discrepância entre o desempenho no trabalho da escola e o teste de competências, o primeiro terá precedência. É importante ressaltar que o trabalho na escola oferece oportunidades para boas tarefas de avaliação, critérios que os alunos podem considerar enquanto trabalham e devolutivas diagnósticas do professor, aliados a informações boas e confiáveis para pais e outros. Outros países estão desenvolvendo avaliações em larga escala que estimulam a aprendizagem, mas que também podem ser usadas para fornecer medições objetivas e imparciais da aprendizagem dos alunos por meio de sistemas bem-desenvolvidos para garantir que os avaliadores estejam seguindo os mesmos padrões.

A boa qualidade das avaliações é crucial aos níveis nacional e estadual, bem como nas salas de aula. Elas devem ajudar os alunos a saber o que estão aprendendo, dar-lhes a oportunidade de mostrar sua compreensão integralmente, mostrar aos alunos (e outros) onde eles estão em sua aprendizagem e dar um retorno sobre como melhorar. É importante ressaltar que os alunos devem receber informações referentes à disciplina que está sendo avaliada, e não sobre outros alunos. A avaliação para aprendizagem transforma receptores passivos de conhecimento em aprendizes ativos que regulam seu próprio progresso e conhecimento e se impulsionam para níveis mais elevados de compreensão. Ela também amplia as estratégias de avaliação dos professores, incentivando-os a se concentrar menos em testes simples e mais em maneiras mais amplas de monitorar a aprendizagem dos alunos, incluindo trabalho em sala de aula, discussões e apresentações dos alunos. Avaliações estaduais e nacionais devem mostrar o caminho na educação de professores sobre boas avaliações, e esses novos métodos poderosos devem estar em vigor em todas as salas de aula dos Estados Unidos.

5

Preso na pista lenta

Como os sistemas norte-americanos de agrupamento perpetuam o baixo aproveitamento

Agrupar ou não alunos por realização anterior (geralmente chamada de habilidade) é um dos tópicos mais controversos da educação. Muitos pais apoiam o agrupamento por habilidades porque querem que seus filhos, motivados e com alto desempenho, trabalhem com alunos semelhantes. Isso é completamente compreensível e faz todo o sentido. Mas sabemos, de vários estudos internacionais, que os países que rejeitam o agrupamento por habilidade – nações tão variadas quanto o Japão e a Finlândia – estão entre os mais bem-sucedidos do mundo, enquanto os países que empregam o agrupamento por habilidade, como os Estados Unidos, estão entre os menos bem sucedidos. O agrupamento por habilidade faz parte do problema do baixo rendimento dos estudantes norte-americanos? Em caso afirmativo, como pode ser assim, uma vez que a ideia parece fazer tanto sentido?

No Third International Mathematics and Science Study (Terceiro Estudo Internacional de Matemática e Ciências – TIMSS), pesquisadores coletaram uma ampla gama de dados sobre alunos do 8º ano em 38 países.[1] Os resultados de desempenho, com os Estados Unidos na 19ª posição, receberam muita atenção e suscitaram preocupação generalizada. No entanto, os analistas do banco de dados do TIMSS também descobriram alguns fatos interessantes sobre o agrupamento por habilidade. Por exemplo, em um estudo sobre a variabilidade de desempenho, os Estados Unidos foram os que apresentaram a maior variabilidade entre turmas – isto é, tiveram a maior quantidade de agrupamento de alunos por habilidade, ou *tracking*.[2] O país com melhor desempenho no grupo, a Coreia, foi o com menos *tracking* e mais agrupamento igualitário. Os Estados Unidos também apresentaram ligações mais fortes entre desempenho e condição socioeconômica, fato que foi atribuído ao uso disseminado de *tracking* nas escolas norte-americanas. O alto desempenho dos países que não usam agrupamento por habilidade e o baixo desempenho daqueles que o usam também foi uma descoberta do Second International Mathematics and Science Study (Segundo Estudo Internacional de Matemática e Ciências – SIMSS). Isso possibilitou que os principais analistas concluíssem que os países que deixam o agrupamento para o *último* momento possível ou que *menos* fazem uso de agrupamento por habilidade são os que apresentam maior aproveitamento.

Alguns argumentaram que o alto grau de *tracking* nos Estados Unidos é um reflexo do nosso desejo de classificar os alunos em uma etapa inicial a fim de encontrar e focar nos alunos de alto desempenho. Porém, essa abordagem tem algumas falhas sérias, incluindo a dificuldade de identificar os alunos corretamente quando eles se desenvolvem em ritmos diferentes e a criação de uma escolaridade altamente desigual, que é um dos resultados identificados pelos estudos internacionais. No Japão, em contrapartida, a principal prioridade é promover um alto desempenho para todos, e os professores se abstêm de prejulgar o desempenho, oferecendo a todos os alunos problemas complexos que podem levar a altos níveis. Os educadores japoneses ficam perplexos com o objetivo ocidental de classificar os alunos em "habilidades" altas e baixas, como Gerald Bracey, um ex-professor da George Mason University, observou:

> No Japão, existe um forte consenso de que as crianças não devem ser submetidas a medições de capacidades ou aptidões e subsequente remediação ou aceleração durante os nove anos de educação obrigatória. Além de verem a prática como inerentemente desigual, pais e professores japoneses se preocupavam com o fato de que o agrupamento por habilidade teria um forte impacto negativo na autoimagem, nos padrões de socialização e na competição acadêmica das crianças.[3]

Lisa Yiu, uma de minhas alunas em Stanford, estava interessada nas diferentes maneiras de como o Japão e os Estados Unidos tratam o agrupamento de alunos. Ela visitou o Japão e entrevistou alguns professores de matemática que observou, os quais lhe explicaram por que eles não usam o agrupamento por habilidade. "No Japão, o importante é o equilíbrio. Todos podem fazer tudo; nós achamos que isso é uma coisa boa [...]. Portanto, não podemos dividir por habilidade".[4]

> A educação japonesa enfatiza a educação em grupo, não a educação individual. Porque queremos que todos melhorem, promovam e alcancem objetivos juntos, em vez de individualmente. É por isso que queremos que os alunos ajudem uns aos outros, aprendam uns com os outros [...], para se darem bem e crescerem juntos – mental, física e intelectualmente.[4]

A abordagem japonesa de ensinar os alunos a que "ajudem uns aos outros, aprendam uns com os outros [...], para se darem bem e crescerem juntos – mental, física e intelectualmente" é uma das razões para seu alto desempenho. A pesquisa nos diz que as abordagens que mantêm a máxima igualdade possível entre os alunos e que não agrupam por "habilidade" ajudam não apenas aqueles que de outra forma seriam colocados em turmas atrasadas, o que parece óbvio, mas também aqueles que seriam colocados em turmas avançadas.

Embora eu não pretendesse pesquisar o impacto do agrupamento por habilidades em meus estudos, isso emergiu como um fator poderoso em ambos. As escolas bem-sucedidas foram as que optaram por não agrupar por habilidade e usaram um sistema de agrupamento diferente, um resultado que espelha os achados internacionais. A Inglaterra faz uso de um sistema explícito de agrupamento por habilidade, cujo impacto é muito mais severo em pessoas de baixo desempenho do que o de qualquer sistema norte-americano. Na Inglaterra, os alunos são colocados em "*sets*" (conjuntos) que são classificados por desempenho. Estudei alunos em todos os *sets*, desde o *set* 1 (o mais alto) ao *set* 8 (o mais baixo). Não surpreendeu muitas pessoas que os alunos que foram colocados em *sets* baixos alcançaram níveis baixos, em parte devido ao trabalho de baixo nível que receberam e em parte porque desistiram quando souberam que tinham sido colocados em um grupo inferior e rotulados como alunos de baixo desempenho. Isso aconteceu com os alunos do *set* 2 para baixo. O que mais surpreendeu as pessoas foi que muitos dos alunos do primeiro grupo, o grupo mais alto, também ficaram em desvantagem pelo agrupamento. Os alunos do *set* 1 relataram que sentiram muita pressão por estarem no grupo superior. Eles sentiram que as aulas eram muito rápidas, não podiam admitir que não estavam acompanhando ou que não entendiam, e muitos deles começaram a temer e odiar as aulas de matemática. Os alunos do grupo superior deveriam sentir-se bem em relação à sua compreensão da matemática, mas se sentiram pressionados e inadequados. Após três anos em turmas agrupadas por habilidade, os alunos alcançaram níveis significativamente mais baixos do que os que foram agrupados em turmas de habilidades mistas.

Nos Estados Unidos, o agrupamento por habilidade utilizado é bem menos explícito que o da Inglaterra, mas mesmo assim tem um impacto significativo. Por volta do 7º e 8º anos, os estudantes norte-americanos normalmente são colocados em turmas de níveis diferentes, o que determina seu futuro por muitos anos. Apesar da importância das diferentes colocações, os nomes das disciplinas geralmente soam inocentemente semelhantes. Alguns alunos do 7º ano podem estar em algo chamado "matemática 7", enquanto seus colegas estão em pré-álgebra, um curso de nível mais alto. Ou os alunos do 8º ano podem ser colocados em "matemática 8" ou em pré-álgebra, enquanto seus pares estão em álgebra. A informação crucial que as escolas raramente fornecem é que, na maioria das escolas norte-americanas, os alunos não podem cursar cálculo, a menos que já tenham passado por álgebra nos anos finais do ensino fundamental. Se, como na maioria das escolas de ensino médio, as disciplinas duram um ano, os alunos que cursam álgebra no 9º ano farão quatro anos de cursos sem nunca chegar ao cálculo (álgebra, geometria, álgebra avançada e pré-cálculo). Assim, as decisões de agrupamento tomadas pelos professores dos anos finais do ensino fundamental impactam as disciplinas às quais os alunos vão cursar no ensino médio e, a partir daí, impactam suas chances de ingressar em universidades de sua escolha. Os alunos dos anos finais do ensino fundamental devem ouvir um som estranho quando são colocados em aulas de matemática de nível inferior. É o som de portas se fechando.

À medida que os educadores se tornam mais conscientes das desvantagens do *tracking*, mais escolas estão tentando abordagens diferentes. Carol Burris, da South Side High School, em Nova York, juntamente com os professores Jay Heubert e Hank Levin, da Columbia University, realizaram um estudo sobre uma inovação na composição das turmas de matemática.[5] Eles compararam o desempenho de alunos que estavam em turmas agrupadas por habilidade com o de alunos em turmas de habilidades mistas. Os pesquisadores compararam seis coortes anuais de alunos de uma escola de ensino fundamental em um distrito de Nova York. Os alunos que frequentavam a escola nos primeiros três anos eram ensinados em turmas agrupadas por habilidade, em que apenas os estudantes de turmas superiores seguiram o currículo avançado. Porém, nos três anos seguintes, todos os alunos do 6º ao 8º ano seguiram o currículo avançado em turmas de habilidades mistas e todos os alunos do 8º ano fizeram um curso acelerado de álgebra. Os pesquisadores analisaram o impacto dessas diferentes experiências do ensino fundamental na conclusão do ensino médio e no aproveitamento dos alunos, usando quatro medidas de desempenho, incluindo as notas nos exames de cálculo de Colocação Avançada. Eles constataram que os alunos de turmas mistas, que fizeram aulas mais avançadas, tiveram suas taxas de aprovação significativamente maiores e passaram nos exames um ano antes da média no estado de Nova York. Suas notas também foram significativamente mais altas em vários testes de desempenho. O aumento do sucesso decorrente da extinção do *tracking* ocorreu em alunos de todo o espectro de desempenho – dos menos aos mais bem-sucedidos.

No meu próprio trabalho nos Estados Unidos e na Inglaterra, estudei escolas de ensino médio que demonstraram um compromisso com uma educação mais igualitária, colocando todos os novos alunos em turmas de habilidades mistas. A Railside High School, na Califórnia, incluiu todos os alunos na disciplina de álgebra, independentemente de seu desempenho anterior. Essa foi uma disciplina desafiadora para todos os alunos, até para aqueles que cursaram álgebra no ensino fundamental, porque envolvia o trabalho em problemas complexos, multidimensionais e em múltiplos níveis. A escola também ministrou aulas com 90 minutos de duração, mas isso durou apenas um semestre. Isso significava que todos os alunos poderiam chegar ao cálculo, pois tinham oito oportunidades de fazer uma aula de matemática durante seus quatro anos do ensino médio. Os resultados foram excelentes, com 47% dos veteranos tendo aulas avançadas de cálculo e pré-cálculo, em comparação com 28% dos alunos nas escolas de ensino médio mais comuns. Curiosamente, os alunos que foram mais favorecidos pelo sistema de grupos de habilidades mistas foram os alunos de alto desempenho, que atingiram níveis mais altos do que os que foram colocados em turmas adiantadas nas outras escolas e que melhoraram seu desempenho mais do que quaisquer outros alunos em seu colégio.

Muitos pais temem os grupos com habilidades mistas e não conseguem entender a lógica de agrupar alunos com necessidades muito diferentes e recursos docentes limitados em uma única turma. Então, por que se constata repetidamente que o agrupamento com habilidades mistas está associado a um melhor desempenho? As razões mais importantes são explicadas a seguir.

OPORTUNIDADE DE APRENDER

Os pesquisadores descobrem constantemente que o fator mais importante no êxito escolar é o que eles chamam de "oportunidade de aprender".[6] Se não tiverem oportunidades de aprender com um trabalho desafiador e de alto nível, os alunos não alcançarão altos níveis. Sabemos que quando os alunos estão em grupos mais atrasados, eles recebem um trabalho de baixo nível e isso por si só é prejudicial. Além disso, os professores inevitavelmente têm menos expectativas para esses alunos. Nos anos de 1960, os sociólogos Robert Rosenthal e Lenore Jacobson realizaram uma experiência para examinar o impacto das expectativas do professor. Os alunos de uma escola de ensino fundamental de São Francisco foram divididos em dois grupos. Ambos receberam o mesmo trabalho, mas os professores foram informados de que um grupo incluía todos os alunos identificados como especialmente talentosos. Na realidade, os alunos foram aleatoriamente distribuídos entre os dois grupos. Após o período experimental, os alunos do grupo identificado como talentoso apresentaram melhores resultados e pontuaram em níveis mais altos nos testes de QI. Os autores concluíram que esse efeito era inteiramente devido às diferentes expectativas dos professores para com os alunos.[7] Em um estudo de seis escolas na Inglaterra, uma equipe de pesquisadores e eu ficamos tristes ao descobrir que os professores subestimavam rotineiramente os alunos dos *sets* menos avançados.

Um estudante relatou para nós: "O professor nos trata como se fôssemos bebês, nos rebaixa, nos faz copiar coisas do quadro, coloca todas as respostas como se não soubéssemos nada. E não vamos aprender com isso, pois temos que pensar por nós mesmos [...]".[8]

Os alunos falaram abertamente sobre as baixas expectativas que os professores tinham deles e sobre como seu desempenho estava sendo retido, e as observações das aulas confirmaram que isso era verdade. Os alunos simplesmente queriam ter oportunidades de aprender: "Obviamente não somos os mais espertos, somos o grupo cinco, mas, mesmo assim, ainda é matemática, ainda estamos no 9º ano, ainda precisamos aprender [...]".[8]

Quando os professores têm expectativas mais baixas dos alunos e os submetem a trabalho de baixo nível, a realização deles é suprimida. Essa é a razão pela qual o agrupamento baseado em habilidades é ilegal em muitos países do mundo, incluindo a Finlândia, um líder mundial nos testes internacionais de desempenho.[9]

AGRUPAR POR HABILIDADE ACARRETA MENTALIDADES FIXAS PREJUDICIAIS

Quando são distribuídos em grupos conforme suas habilidades, os alunos são atingidos por uma mensagem prejudicial – que sua "capacidade" é fixa. Isso leva muitos alunos com mentalidades de crescimento saudáveis – ou seja, que acreditam que quanto mais se esforçam, mais inteligentes ficam – a mudar para uma mentalidade fixa, acreditando que ou são inteligentes ou não são. Mentalidades fixas, como explicado no Prefácio, resultam em desempenhos significativamente inferiores dos alunos e desvantagens que perduram por toda a vida. Em um dos estudos dos alunos de doutorado de Carol Dweck, Carissa Romero descobriu que quando os alunos passavam para grupos baseados em habilidade no 7º ano, o pensamento de mentalidade de crescimento positivo se reduzia, e os alunos negativamente mais afetados foram os que estavam no grupo superior. Muito mais alunos começaram a acreditar que eram espertos, e isso os coloca em um caminho muito vulnerável, onde ficam com medo de cometer erros e começam a evitar trabalhos mais difíceis. As consequências, especialmente para as meninas de alto desempenho, são devastadoras.

DIFERENÇAS ENTRE ESTUDANTES

Quando os alunos são colocados em um grupo homogêneo, alto ou baixo, suposições são feitas sobre seu potencial desempenho. Os professores tendem a nivelar seus cursos aos alunos do meio do grupo e ensinam um determinado nível de conteúdo, presumindo que todos os alunos são mais ou menos iguais. Em um sistema assim, o trabalho inevitavelmente ocorre no ritmo errado ou no nível errado para os alunos dentro de um grupo. Os alunos com desempenhos inferiores lutam para recuperar o atraso, enquanto outros são retidos. Embora um professor de qualquer turma, incluindo uma turma mista, possa erroneamente presumir que todos os alunos têm as mesmas necessidades, o *tracking* se baseia nessa suposição errônea, e quando os professores têm um grupo segregado, eles muitas vezes sentem-se à vontade para tratar todos os alunos da mesma forma. Isso é verdade mesmo quando os alunos claramente apresentam necessidades diferentes e se beneficiariam de trabalhar em ritmos diferentes.

Em um grupo misto, o professor tem de *abrir* o trabalho, tornando-o adequado para alunos que se ocupam em níveis e velocidades diferentes. Em vez de pré-julgar a capacidade dos alunos e ministrar o trabalho em um nível *específico*, o professor tem de fornecer um trabalho que tenha múltiplos níveis e que permita aos alunos trabalhar nos níveis mais altos que puderem. Isso significa que o trabalho pode estar no nível e no ritmo certos para todos.

VÍTIMAS LIMÍTROFES

Quando os professores distribuem os alunos em grupos diferentes, eles tomam decisões que afetam as realizações a longo prazo e as chances na vida dos estudantes. Apesar da importância de tais decisões, muitas vezes elas são feitas com base em evidências insuficientes. Em muitos casos, os alunos são designados aos grupos com base em uma única pontuação em um teste, com alguns estudantes deixando de ser incluídos em grupos adiantados por causa de um ponto. Aquele ponto perdido, que os alunos poderiam ter marcado em outro dia, acaba limitando suas realizações pelo resto de suas vidas.

Pesquisadores em Israel e no Reino Unido descobriram que os estudantes nas margens de grupos diferentes tinham essencialmente os mesmos graus de compreensão, mas os que entraram em grupos mais adiantados acabaram pontuando em níveis significativamente mais altos no final da escola em função do grupo em que foram colocados. Na verdade, o grupo em que os alunos foram colocados era mais importante para seu futuro desempenho do que a escola que frequentaram.[10] Vítimas limítrofes são os alunos que deixam de ser incluídos em grupos mais adiantados e tornam-se vítimas do sistema de agrupamento a partir daquele dia. Há muitos desses alunos nas escolas e, para eles, a designação quase arbitrária a um grupo inferior efetivamente acaba com suas chances de sucesso.

RECURSOS PARA OS ESTUDANTES

Em uma turma de habilidades homogêneas, o professor e o livro são as principais fontes de ajuda. Presume-se que os alunos tenham as mesmas necessidades e trabalhem da mesma forma, e por isso o professor se sente à vontade para falar por mais tempo e exigir que a turma trabalhe em silêncio ou em condições muito silenciosas, negando-lhes as muitas vantagens de falar sobre os problemas, conforme descrito no Capítulo 2.

Em turmas de habilidades mistas, os alunos são organizados para que trabalhem uns com os outros e ajudem-se entre si. Em vez de uma pessoa servir como recurso para 30 alunos ou mais, há muitos recursos. Os alunos que não entendem com tanta prontidão têm acesso a muitos ajudantes, e os que entendem servem como ajudantes para os colegas. Isso pode parecer estar desperdiçando o tempo dos alunos de alto desempenho, mas a razão pela qual eles acabam alcançando níveis mais altos nessas salas de aula é que o ato de explicar o trabalho para os colegas aprofunda a compreensão. Quando os alunos explicam aos outros, eles descobrem suas próprias áreas deficitárias e são capazes de resolvê-las, reforçando o que sabem. Nos estudos longitudinais que realizei, os alunos de alto desempenho me disseram que aprenderam mais e com mais profundidade por terem que explicar o que fizeram para os outros. Alguns dos alunos com melhor desempenho da escola Railside falaram sobre suas experiências em grupos de habilidades mistas nos Estados Unidos. Zane havia dito: "Todo mundo lá está em um nível diferente. Mas o que torna a aula boa é que todos estão em níveis diferentes, então todos estão constantemente ensinando e ajudando uns aos outros".

Alguns dos alunos de melhor desempenho entraram na Railside achando injusto que tivessem que explicar seu trabalho aos outros, mas eles mudaram de ideia no primeiro ano, quando perceberam que o ato de explicar os estava ajudando. Imelda refletiu: "Então talvez no 9º ano seja parecido com 'Ah, meu Deus. Eu não sinto vontade de ajudá-los. Eu só quero fazer meu trabalho. Por que temos que fazer um teste em grupo?'. Mas quando você chega ao cálculo de Colocação Avançada, você está mais para 'Ah, eu preciso de um teste em grupo antes de fazer uma prova'. Então, quanto mais matemática você faz e quanto mais você aprende, mais você passa a apreciar: 'Ainda bem que estou em um grupo!'".

Os alunos de melhor desempenho também aprenderam que alunos diferentes podiam acrescentar mais às discussões do que eles pensavam. Como disse Ana: "É bom trabalhar em grupo porque todos os outros no grupo podem aprender com você, então se alguém não entende – por exemplo, se eu não entendo, mas a outra pessoa entende – eles podem explicar para mim, ou vice-versa, e eu acho isso legal".

Alunos que trabalham juntos, colaborando com a aprendizagem uns dos outros, oferecem um excelente recurso uns para os outros, maximizando as oportunidades de aprendizagem ao mesmo tempo em que aprendem importantes princípios de comunicação e apoio.

RESPEITO ENTRE OS ESTUDANTES

Quando consideramos o papel do agrupamento por habilidade e a diferença que ele faz na vida dos alunos, há outra dimensão além do desempenho que é fundamental considerar. Pois agrupar por habilidade não apenas limita as oportunidades, mas também influencia o tipo de pessoa que nossos filhos se tornarão. Como os alunos passam milhares de horas em aulas de matemática, eles aprendem não somente sobre matemática, mas sobre maneiras de agir e de ser.

As aulas de matemática influenciam, em um grau alto e lamentável, a confiança que os estudantes têm em sua própria inteligência. Isso é lamentável porque as salas de aula de matemática costumam tratar as crianças com severidade, mas também porque sabemos que existem muitas formas de inteligência, e esse tipo de aula tende a valorizar apenas uma. Além do poder que as aulas de matemática têm de construir ou esmagar a confiança dos alunos, elas também influenciam muito as ideias que eles desenvolvem sobre outras pessoas.

Por meio de minha própria pesquisa, descobri que os alunos de turmas homogêneas de escolas de ensino médio norte-americanas não apenas desenvolveram ideias sobre seu próprio potencial, mas começaram a categorizar os outros de maneira infeliz – espertos ou burros, rápidos ou lerdos. Comentários desse tipo vinham de alunos de turmas homogêneas: "Eu não quero me sentir como um retardado. Como se alguém me fizesse a pergunta mais básica e eu não soubesse responder, eu não quero me sentir burro. E eu também não suporto pessoas idiotas. Porque essa é uma das coisas que me incomodam. E eu não quero ser uma pessoa idiota".

Os alunos que haviam trabalhado em turmas de habilidades mistas na Railside High School não falavam dessa maneira e desenvolveram níveis impressionantes de respeito uns pelos outros. Qualquer observador das salas de aula não podia deixar de perceber a maneira respeitosa pela qual os alunos interagiam entre si, parecendo não perceber as linhas divisórias usuais de classe social, etnia, gênero ou "habilidade". As panelinhas étnicas que frequentemente se formam em escolas multiculturais não se formaram na Railside, e os alunos falavam sobre como as aulas de matemática lhes ensinaram a respeitar pessoas e ideias diferentes. Ao aprenderem a considerar diferentes maneiras de encarar os problemas de matemática, os alunos também aprenderam a respeitar diferentes maneiras de pensar de modo mais geral e as pessoas que fazem essas contribuições. Muitos alunos falaram sobre como abriram suas mentes e ideias – por exemplo:

Tanita: Você tem o ponto de vista de todos, porque, quando está se debatendo uma regra ou um método, você tem o ponto de vista de outra pessoa, do que ela pensa, em vez de apenas partir de seus próprios pensamentos. Por isso que foi bom com um monte de pessoas.

Carol: Eu também gostei. A maioria das pessoas ampliou suas ideias.

Inegavelmente, um dos objetivos das escolas é ensinar o conhecimento e a compreensão do conteúdo, mas as escolas também têm a responsabilidade de ensinar os alunos a serem bons cidadãos – a serem pessoas de mente aberta, conscienciosas e respeitosas com pessoas diferentes delas mesmas. A Carnegie Corporation of Nova York, com base em um relatório do Council for Adolescent Development, recomendou que o *tracking* seja extinto nas escolas a fim de criar "[...] ambientes que sejam atenciosos, saudáveis e democráticos, bem como acadêmicos".[11] A Coalition for Essential Schools também recomendou que as escolas abandonassem o *tracking* por razões acadêmicas e morais. Seu ex-diretor Ted Sizer argumentou que "[...] se quisermos cidadãos que participem de forma ativa e ponderada em nossa democracia, eles devem ser formados para isso na escola – trabalhando juntos em problemas igualmente desafiadores e usando todos os talentos possíveis em suas soluções".[12]

Embora pareça fazer sentido colocar os alunos em grupos onde eles têm necessidades semelhantes, as consequências negativas das decisões de separação por habilidade – em termos de realização dos alunos e de seu desenvolvimento moral – são fortes demais para serem ignoradas. Os professores de matemática frequentemente são inexperientes com sistemas de agrupamento diferentes, mas essa não é uma boa razão para perpetuar uma abordagem falha. Os professores precisam ser ajudados a orientar sua didática para que todos alcancem um alto desempenho. Visitei turmas de matemática que recentemente foram "heterogeneizadas" e vi professores usando a mesma abordagem que sempre usaram com um efeito desastroso. Eles distribuíram folhas de exercícios voltadas para pequenas áreas de conteúdo apropriadas apenas para alguns alunos da turma, deixando o resto patinando ou entediado.

Para que as classes heterogêneas funcionem bem, duas condições críticas precisam ser resolvidas. Primeiro, os alunos devem receber uma tarefa aberta que possa ser acessada em diferentes níveis e desenvolvida a diferentes níveis. Os professores têm de fornecer problemas que as pessoas considerem desafiadores de diferentes maneiras, e não pequenos problemas dirigidos a um conteúdo pequeno e específico.

Esses também são os problemas mais interessantes em matemática e assim têm a vantagem adicional de serem mais envolventes. (Visite o *site* www.youcubed.org para ver outros exemplos interessantes.) Eu vi esses problemas usados com grande efeito em várias salas de aula. Esses tipos de problemas de múltiplos níveis são usados nas aulas japonesas para promover alto desempenho dos alunos, como Steve Olson, autor do *best-seller Count down*, reflete:

> Nas salas de aula japonesas [...] os professores *querem* que seus alunos tenham dificuldades porque acreditam que é assim que os alunos realmente compreendem os conceitos matemáticos. As escolas não agrupam os alunos em diferentes níveis de habilidade porque as diferenças entre eles são vistas como um recurso que pode ampliar a discussão sobre como resolver um problema. Nem todos os alunos aprenderão a mesma coisa de uma aula; aqueles que estão interessados e são talentosos em matemática alcançarão um nível de proficiência diferente de seus colegas de classe. Mas cada aluno aprenderá mais tendo dificuldade com o problema do que sendo alimentado à força com um procedimento simples e pré-digerido.[13]

Não se espera que todos os alunos japoneses aprendam o mesmo de cada aula, o que é uma expectativa irrealista em muitas salas de aula norte-americanas; em vez disso, eles recebem problemas difíceis, e cada aluno tira deles o máximo que puder.

Além dos problemas abertos e de vários níveis, a segunda condição crítica para que as turmas heterogêneas funcionem é que os alunos aprendam a trabalhar respeitosamente uns com os outros. Observei muitas salas de aula de matemática em que os alunos estavam trabalhando em grupos, mas não ouviam uns aos outros. Os professores dessas salas de aula davam a eles bons problemas para trabalharem juntos e pediam que os discutissem, mas os alunos não aprenderam a trabalhar em grupos. Isso pode resultar em salas de aula caóticas com grupos em que apenas alguns estudantes fazem o trabalho, ou, pior ainda, grupos em que alguns são ignorados ou ridicularizados por outros alunos porque são considerados de nível inferior. Ensinar os alunos a trabalhar respeitosamente exige uma construção cuidadosa e consistente do bom comportamento de grupo. Alguns professores fazem isso destacando a necessidade de respeito e esforço nos grupos, alguns empregam estratégias adicionais como Ensino para Equidade (uma abordagem criada para uso com grupos heterogêneos), que visa a reduzir as diferenças entre os alunos. Seja qual for a abordagem, quando os alunos aprendem a trabalhar juntos de forma respeitosa e suas diferentes competências são vistas como um recurso, e não como motivo de ridicularização, os colegas são ajudados por serem capazes de atingir altos níveis, e a sociedade é ajudada pelo desenvolvimento de jovens carinhosos e respeitosos.

PRISÕES PSICOLÓGICAS

Em meu estudo das escolas Amber Hill e Phoenix Park, na Inglaterra, pude acompanhar alunos de uma escola que usava agrupamento por habilidade (Amber Hill) e outra que não usava (Phoenix Park). Na Amber Hill, os professores também ensinavam tradicionalmente, enquanto na Phoenix Park os professores usavam problemas complexos e abertos. Como descrevi no Capítulo 3, tive a sorte de reencontrar os alunos oito anos depois do meu estudo inicial e conversar com eles sobre o impacto de suas experiências escolares em seus empregos e vidas. Durante esse estudo, descobri que uma das diferenças mais importantes entre os alunos, talvez não surpreendentemente, tenha sido as abordagens de agrupamento que eles vivenciaram. Em Amber Hill, onde usavam agrupamento por habilidade, os adultos falaram sobre como isso havia moldado toda a sua experiência escolar, e muitos dos alunos do *set* 2 para baixo falaram não apenas sobre como seu desempenho havia sido restringido pelo agrupamento, mas também sobre como eles haviam sido configurados para ter um baixo desempenho na vida. Em uma comparação estatística dos atuais empregos dos ex-alunos, descobri que os que haviam participado de grupos heterogêneos, apesar de terem crescido em uma das áreas mais pobres do país, estavam agora em empregos mais profissionais do que os que tinham experenciado *tracking*.[14]

Entrevistas com alguns dos jovens adultos deram sentido a essas diferenças interessantes. Os alunos da Phoenix Park falaram sobre as maneiras pelas quais a escola tinha se destacado em encontrar e promover o potencial de diferentes alunos; eles disseram que todos eram considerados grandes realizadores pelos professores. Os jovens adultos comunicaram uma visão positiva frente ao trabalho e à vida, descrevendo como usaram as abordagens de solução de problemas que aprenderam na escola para seguir adiante na vida. Os jovens adultos que haviam frequentado a Amber Hill, que os havia colocado em *sets*, disseram-me que suas ambições haviam sido destruídas na escola e que suas expectativas diminuíram. Um jovem, Nikos, falou sobre a experiência de agrupamento por habilidade:

> Você está colocando esta prisão psicológica em torno delas... As pessoas não sabem o que podem fazer, ou onde estão os limites, a menos que sejam informadas na idade certa.
>
> Isso meio que acaba com toda a ambição delas... É muito triste que haja crianças lá que poderiam ser muito, muito inteligentes e beneficiar a sociedade de muitas maneiras, mas isso é meio que destruído desde muito cedo. É por isso que eu não gosto muito do sistema de *sets* – porque acho que ele quase formalmente rotula as crianças como idiotas.

O impacto do agrupamento por habilidade na vida dos alunos – dentro e fora da escola – é profundo. Pesquisas da Inglaterra revelaram que 88% das crianças colocadas nesses tipos de grupos aos 4 anos permanecem nos mesmos grupos até saírem da escola.[15] Essa é uma das estatísticas mais assustadoras que eu já li. O fato de que o futuro das crianças é decidido para elas no momento em que são colocadas em grupos, em uma idade precoce, ridiculariza o trabalho das escolas e viola o conhecimento básico sobre desenvolvimento e aprendizagem infantil. As crianças desenvolvem-se em ritmos diferentes e revelam interesses, virtudes e disposições diferentes em vários estágios de seu desenvolvimento. Nos Estados Unidos, essas decisões geralmente são tomadas no ensino fundamental, mas ainda assim prejudicam o potencial das crianças antes que elas tenham chance de se desenvolver. Um dos objetivos mais importantes das escolas é fornecer ambientes estimulantes para todos – nos quais o interesse das crianças possa ser estimulado e alimentado, com professores que estão prontos para reconhecer, cultivar e desenvolver o potencial que os alunos demonstram em diferentes momentos e em diferentes áreas. Isso só pode ser feito por meio de um sistema flexível de agrupamento que não prejulgue o desempenho de uma criança, que use materiais matemáticos com múltiplos níveis e que possibilite aos alunos, individualmente, desenvolverem seus níveis pessoais mais altos. Somente essa abordagem permitirá que os Estados Unidos se tornem uma sociedade mais justa, na qual todas as crianças tenham chance de ser bem-sucedidas.

6

Pagando o preço por açúcar e tempero

Como meninas e mulheres são mantidas fora da matemática e da ciência

Quando comecei minha pesquisa em Amber Hill, Caroline tinha 14 anos, ansiosa para aprender e muito bem-sucedida. Quando os alunos entraram na escola cerca de três anos antes, todos haviam feito um teste de matemática. Caroline obteve a maior pontuação em seu ano, mas três anos depois, ela era a aluna de menor desempenho em sua turma. Como tudo poderia ter dado tão errado? Quando a conheci, Caroline tinha acabado de ser colocada no grupo mais avançado – um grupo que era ensinado por Tim, o simpático e qualificado chefe do departamento de matemática. Mas Tim era um professor tradicional e ele, como a maioria dos professores de matemática, demonstrava métodos no quadro e depois esperava que os alunos trabalhassem por meio de exercícios praticando as técnicas. Caroline sentou-se a uma mesa de meninas, seis delas no total. Todas elas eram alunas de alto desempenho e todas queriam se sair bem em matemática. Desde o começo, ela parecia desconfortável na turma. Era uma garota curiosa e pensativa, e sempre que Tim explicava os métodos para a turma, ela, como muitas outras alunas que observei ao longo dos anos, tinha dúvidas: Por que esse método funciona? De onde ele vem? Como ele se encaixa nos métodos que aprendemos ontem? Caroline fazia essas perguntas a Tim de tempos em tempos, mas ele geralmente apenas reexplicava o método, não apreciando realmente por que ela estava perguntando. Caroline foi ficando cada vez menos feliz com a matemática e depois de um tempo seu desempenho começou a diminuir.

Em uma de suas aulas, os alunos estavam aprendendo sobre a multiplicação de binômios. Tim ensinara os alunos a multiplicar expressões binomiais como

$$(x + 3)\ (x + 7)$$

dizendo-lhes:

1. Multiplique os primeiros termos (x vezes x)
2. Multiplique os termos externos (x vezes 7)
3. Multiplique os termos internos (3 vezes x) e depois
4. Multiplique os últimos termos (3 vezes 7). Em seguida, some todos os termos ($x^2 + 7x + 3x + 21 = x^2 + 10x + 21$)

Frequentemente, os alunos são ensinados a lembrar essa sequência com a palavra inglesa FOIL (as iniciais de *first, outer, inner, last*). Esses são os tipos de procedimentos na aula de matemática que parecem sem sentido para os alunos – são difíceis de lembrar e fáceis de confundir. Eu me aproximei do grupo de Caroline um dia enquanto ela estava sentada com a cabeça entre as mãos. Perguntei se ela estava bem, e ela olhou para mim com uma expressão de agonia. "Ai, eu odeio essas coisas", ela disse. "Você pode me dizer por que funciona assim? Por que tem que ser nessa ordem, com toda essa soma?" Ela tentou perguntar a Tim, que tinha lhe dito que é assim que a fórmula funciona e que você só precisa se lembrar.

Ajoelhei-me ao lado de sua mesa e perguntei-lhe se poderia desenhar um diagrama para ela. Expliquei que poderíamos pensar na multiplicação visualmente pensando nas duas expressões como lados de um retângulo. Ela se endireitou na cadeira e observou enquanto eu desenhava um esboço:

	x	7
x	x^2	7x
3	3x	21

Logo todas as garotas da mesa estavam assistindo. Antes de terminar o desenho, Caroline disse: "Ah, agora entendi", e os outros fizeram ruídos apreciativos semelhantes. Senti-me um pouco mal por oferecer esse desenho, pois meu papel na sala de aula não era ajudar os alunos e, certamente, não era minar a didática de Tim, mas foi uma decisão que tomei naquela ocasião. O desenho era simples, mas oferecia muito – permitia que as meninas vissem *por que* o método funcionava, e isso era importante para elas.

Observei a aula de Tim e outras aulas na escola muitas vezes ao longo dos três anos. À medida que fui entrevistando cada vez mais meninos e meninas, comecei a perceber algo que distinguia as meninas dos meninos: o desejo de saber *por quê*. As garotas podiam aceitar os métodos que lhes eram mostrados e praticá-los, mas elas queriam saber *por que* eles funcionavam, *de onde* vinham e como *se conectavam* com outros métodos. Alguns meninos também sentiam-se curiosos sobre como os métodos se conectavam e como eles funcionavam, mas pareciam dispostos a se adaptar a uma abordagem de ensino que não lhes oferecia tais *insights*. Em entrevistas, as garotas costumavam dizer coisas como: "Ele vai escrever no quadro e você acaba pensando: 'Bem, como pode isso e aquilo? Como você obteve essa resposta? Por que você fez isso?'".

Muitos dos meninos, por outro lado, me diziam que ficavam contentes desde que conseguissem as respostas corretas. Os garotos pareciam gostar de concluir o trabalho em ritmo acelerado e competir com outros alunos e não pareciam precisar da mesma profundidade de compreensão. John (1ª série do ensino médio) falou por muitos dos garotos quando disse: "Sei lá, as únicas aulas de matemática que você gosta são quando você trabalhou muito e se orgulha de si mesmo por ter trabalhado tanto, por estar muito à frente de todos os outros".

Em um questionário aplicado em toda a coorte do ano, pedi aos alunos que classificassem cinco maneiras de trabalhar em matemática: 91% das meninas escolheram "compreensão" como o aspecto mais importante da aprendizagem de matemática, comparado com apenas 65% dos meninos, uma diferença que se mostrou estatisticamente significante.[1] Os demais meninos disseram que a memorização de regras era o mais importante. As meninas e os meninos também agiram de forma diferente nas aulas. Durante as cerca de uma centena de aulas que observei, costumava ver garotos passarem correndo pelas perguntas, tentando trabalhar o mais rápido possível e completar o máximo de perguntas que pudessem. Com a mesma frequência, observava garotas parecendo perdidas e confusas, tendo dificuldade para entender seu trabalho ou desistindo totalmente. Nas aulas, muitas vezes pedia aos alunos que me explicassem o que estavam fazendo. Na maioria das vezes, eles me diziam o título do capítulo, e se eu fizesse perguntas como: "Sim, mas o que você está realmente *fazendo*?", eles me diziam o número do exercício; nem garotas nem garotos eram capazes de me dizer por que estavam usando métodos ou o que eles queriam dizer.

Em geral, os garotos não se preocupavam com isso, contanto que estivessem acertando suas perguntas, como Neil me disse em uma entrevista: "Algumas das coisas que você faz são difíceis, e algumas delas são muito fáceis e você sempre se lembra. Quer dizer, às vezes você tenta passar por cima das partes difíceis e erra na maioria, para ir para as partes mais fáceis que você gosta".

As meninas acertavam as perguntas, mas queriam mais. Como Gill explicou: "É como se você tivesse que resolver e obter as respostas certas, mas você não sabe o que fez. Você não sabe como chegou a elas, entende?".

No final dos três anos, os alunos prestaram o exame nacional. No *set* mais alto, que eu havia observado bem de perto, as meninas alcançaram níveis significativamente mais baixos do que os meninos, um padrão que se repetiu em diferentes grupos ao longo da coorte do ano. Caroline, outrora a estrela brilhante do grupo, obteve a nota mais baixa. Quando terminou o curso, decidiu que não era boa em matemática, apesar de já ter sido a melhor aluna da escola. Caroline e muitas outras garotas não tiveram um bom desempenho por não terem a oportunidade de perguntar por que os métodos funcionavam, de onde vinham e como estavam conectados. Seus pedidos não eram, de modo algum, irracionais – elas queriam situar os métodos que estavam sendo mostrados dentro de uma esfera mais ampla de compreensão. Nem os meninos nem as meninas gostaram das tradicionais aulas de matemática na Amber Hill – a matemática não era uma matéria popular na escola –, mas os meninos trabalhavam dentro da abordagem procedimental que recebiam, enquanto muitas das meninas resistiam a ela. Quando não conseguiam ter acesso à profundidade de compreensão que queriam, as meninas começavam a se distanciar da matéria. As estatísticas nacionais revelam que as meninas agora se saem muito bem em matemática, atingindo níveis iguais ou superiores aos dos meninos. Esse grande desempenho, dada a abordagem desigual que a maioria das meninas enfrenta, é prova de sua capacidade e impressionante motivação para se saírem bem. Mas o grande desempenho das meninas muitas vezes mascara uma realidade preocupante – as abordagens que elas vivenciam deixam muitas delas desconfortáveis, e sua falta de oportunidade de investigar profundamente é a razão pela qual tão poucas mulheres atingem os altos níveis em matemática.

Na Phoenix Park School – onde os alunos eram ensinados por meio de problemas mais longos e abertos, sendo encorajados a perguntar por que, quando e como – as meninas e os meninos desempenharam de maneira uniforme, e ambos os grupos alcançaram níveis mais altos do que os alunos da Amber Hill em uma série de avaliações, incluindo exames nacionais.

Alguns anos depois, eu mesma estava em uma aula de matemática, pois decidira fazer um curso de estatística aplicada. Tínhamos uma professora maravilhosa, uma mulher que explicava por que e como os métodos funcionavam – quase o tempo todo. Lembro-me de um dia estar assistindo a uma aula em que a professora mostrou a fórmula para o desvio-padrão e depois disse: "A propósito, vocês gostariam de saber por que funciona?". Algo engraçado aconteceu: as mulheres da turma concordaram que sim, e a maioria dos homens disse que não. As mulheres brincaram com os homens, perguntando: "O que há de errado com vocês?". Um dos homens respondeu rapidamente: "Por que precisamos saber por quê? É melhor apenas aprender e seguir em frente". Foi então que percebi que estávamos desempenhando os mesmos papéis de gênero que os alunos observados na Amber Hill.

Em uma das minhas primeiras pesquisas na Stanford University, decidi aprender mais sobre as experiências de alunos de alto desempenho nas aulas do ensino médio norte-americano. Escolhi seis escolas e entrevistei 48 meninos e meninas sobre suas experiências nas aulas de cálculo de Colocação Avançada. Em quatro das escolas, os professores usaram abordagens tradicionais, dando aos alunos fórmulas para memorizar sem discutir por que ou como elas funcionavam. Nas outras duas escolas, os professores usavam os mesmos livros didáticos, mas sempre encorajavam discussões sobre os métodos que os alunos estavam usando. Eu não estava investigando ou procurando diferenças de gênero, mas fiquei impressionada novamente com as reflexões das meninas nas aulas tradicionais e sua necessidade de investigar profundamente, como Kate da escola Lewis descreveu:

> Nós sabíamos *como* fazer. Mas não sabíamos *por que* estávamos fazendo e nem como conseguimos fazer. Especialmente com limites, sabíamos qual era a resposta, mas não sabíamos *por que* ou *como* estávamos fazendo. Nós apenas usávamos as regras. E eu acho que é com isso que eu tinha dificuldade – eu sei chegar à resposta, só não entendo *por quê*.

Mais uma vez, muitas das garotas me disseram que precisavam saber *por que* e *como* os métodos funcionavam e falaram sobre sua antipatia por aulas nas quais era preciso apenas memorizar fórmulas, como Kristina e Betsy da escola Angering descreveram:

K: Eu não estou interessada em você apenas me dar uma fórmula, cuja resposta eu devo memorizar e aplicar, e pronto.

JB: A matemática tem que ser assim?

B: Eu aprendi dessa maneira. Não sei se há outro jeito.

K: No momento em que estou agora, é tudo que conheço.

Kristina me disse que sua necessidade de explorar e entender os fenômenos se devia ao fato de ser jovem:

> A matemática é mais concreta, é tão "é assim e pronto". As mulheres querem explorar coisas e a vida é meio assim... e acho que é por isso que gosto de inglês e ciências. Estou mais interessada em fenômenos, natureza e animais e

> simplesmente não estou interessada em você apenas me dar uma fórmula cuja resposta eu devo memorizar, aplicar e pronto.

Infelizmente, para Kristina, a matemática não foi uma das disciplinas escolares que permitiu "explorar" ou considerar os fenômenos, quando deveria ter sido.

David Sela, do Ministério da Educação em Israel, e Anat Zohar, da The Hebrew University of Jerusalem, conduziram uma extensa investigação sobre diferenças de gênero na aprendizagem de física. Eles tomaram minha noção de busca pela compreensão, que eu constatara ser predominante entre as garotas nas aulas de matemática, e consideraram se ela também era predominante entre as garotas nas aulas de física. Eles descobriram, com base em resultados contundentes, que sim. Os pesquisadores utilizaram um banco de dados de aproximadamente 400 escolas de ensino médio em Israel que ofereciam aulas avançadas de física. A partir de uma amostra de 50 alunos das escolas, eles entrevistaram 25 meninas e 25 meninos e descobriram que as garotas das aulas de física exibiam as mesmas preferências que eu encontrei nas aulas de matemática, resistindo à exigência de memorizar sem entender, dizendo que estavam "enlouquecendo" com isso. As garotas falaram sobre querer saber por que os métodos funcionavam e como se conectavam. Os autores da pesquisa concluíram que "[...] embora tanto meninas quanto meninos compartilhem uma busca pela compreensão nas aulas de física de Colocação Avançada, as meninas se esforçam com muito mais urgência que os meninos e academicamente parecem sofrer mais do que eles em uma cultura de sala de aula que não valoriza isso".[2]

Nem as alunas de matemática que eu entrevistei nem as alunas de física entrevistadas em Israel queriam uma ciência ou matemática mais fácil. Elas não precisavam nem queriam versões mais suaves das matérias. Na verdade, as versões que elas queriam exigiam considerável profundidade de pensamento. Em ambos os casos, elas queriam oportunidades para investigar com profundidade e eram avessas a versões das matérias que enfatizavam a aprendizagem mecânica. Isso se aplicava a meninos e meninas, mas quando as meninas não tinham acesso a uma compreensão profunda e conectada, elas se afastavam da matéria.

As diferenças encontradas entre meninas e meninos nas aulas de matemática e física não sugerem que todas as meninas se comportam de um jeito e todos os meninos se comportem de outro. Na verdade, Zohar e Sela descobriram que um terço dos garotos entrevistados também expressou fortes preferências por uma compreensão profunda e conectada. Mas os pesquisadores, como eu, descobriram que as meninas expressavam consistentemente tais preferências em números mais altos e com mais intensidade. Essas diferenças de gênero são interessantes, podendo também ser a chave para compreender os baixos níveis de participação das mulheres nas matérias STEM (sigla em inglês para ciência, tecnologia, engenharia e matemática).

A ideia de que meninas e mulheres valorizam um tipo diferente de conhecimento foi notoriamente proposta por Carol Gilligan, uma psicóloga e autora aclamada internacionalmente. No livro de Gilligan, *In a different voice*, ela afirmou que as mulheres provavelmente são "pensadoras conectadas", preferindo usar a intuição, a criatividade e a experiência pessoal ao fazer julgamentos morais. Os homens, ela propôs, são mais propensos a ser pensadores "separados", preferindo usar lógica, rigor, verdade absoluta e racionalidade ao tomar decisões morais.[3] O trabalho de Gilligan encontrou muita resistência, mas também recebeu apoio de mulheres que se identificaram com os estilos de pensamento por ela descritos. Alguns anos mais tarde, um grupo de pesquisadores desenvolveu ainda mais as distinções de Gilligan, alegando que homens e mulheres diferem em seus modos de conhecer, de maneira mais geral. Os psicólogos Mary Belenky, Blythe Clinchy, Nancy Goldberger e Jill Tarule[4] propuseram etapas de conhecimento e, mais uma vez, afirmavam que os homens tendiam a ser pensadores separados e as mulheres pensadores conectados. Os autores não tinham muitos dados para sustentar suas alegações de que mulheres e homens pensam de maneira diferente e receberam considerável oposição, o que é compreensível, já que estavam sugerindo distinções fundamentais na forma como mulheres e homens vêm a *pensar* e *conhecer*. Quando relatei minhas descobertas, de que as meninas eram particularmente prejudicadas pela instrução tradicional, que não dava acesso a saber como e por que, também encontrei resistência. Na verdade, alguns de meus colegas me desafiaram, dizendo que não era possível que as meninas tivessem preferências diferentes dos meninos em um semelhante domínio cognitivo. Mas há muitas razões pelas quais as meninas podem desenvolver preferências diferentes e um impulso mais forte para a compreensão, desde conhecidas diferenças cerebrais até processos de socialização muito distintos. Para mim, a questão de por que as meninas buscam uma compreensão mais profunda do que os meninos é menos importante do que a questão de como podemos mudar os ambientes matemáticos para que todos os alunos possam entender profundamente e para que meninos e meninas não apenas desempenhem em níveis iguais, mas também possam perseguir matérias STEM em números iguais.

Aulas nas quais os alunos discutem conceitos, dando-lhes acesso a uma compreensão profunda e conectada da matemática, são boas para meninas e para meninos. Os rapazes podem estar dispostos a trabalhar em isolamento com regras abstratas, mas essas abordagens não garantem a muitos alunos, meninas ou meninos, o acesso à compreensão que precisam. Além disso, o trabalho de alto nível em matemática, ciências e engenharia não envolve o seguimento de regras abstratas e isoladas, mas, sim, a colaboração e a criação de conexões.

Há muitos garotos que valorizam e precisam de conexões e comunicação e que escolhem outras matérias porque a matemática não as oferece, assim como há garotas que podem trabalhar felizes isoladamente, sem conexões matemáticas. Se o ensino de matemática incluísse oportunidades de discussão de conceitos, profundidade de compreensão e conexão entre conceitos matemáticos, então, a matéria seria mais equitativa e boa para ambos os sexos e daria uma representação mais precisa da matemática como ela é praticada em cursos e profissões de alto nível.

ONDE ESTAMOS AGORA?

Considerando-se as maneiras pelas quais a matemática é comumente ensinada e as preferências de muitas meninas pela compreensão e indagação profunda, talvez seja surpreendente que as meninas se saiam tão bem em matemática – e elas têm mesmo um desempenho muito bom. Em 2010, as mulheres representaram 42% dos alunos de matemática e 41% dos que concluíram mestrado em matemática e estatística. Esses números não mostram igualdade e não devemos ser complacentes com eles, mas podem mostrar proporções maiores de mulheres do que muitos pensam. As psicólogas Janet Hyde, Elizabeth Fennema e Susan Lamon produziram uma metanálise[5] de estudos que investigou as diferenças de gênero no desempenho escolar, combinando mais de cem estudos e envolvendo três milhões de estudantes. Mesmo em 1990, com um banco de dados tão vasto, elas encontraram diferenças muito pequenas entre meninas e meninos, com uma enorme quantidade de sobreposição.[6] Hyde e suas colegas argumentaram que as diferenças de gênero eram muito pequenas para terem alguma importância e foram superestimadas na mídia, o que ajudou a criar estereótipos prejudiciais.

Na maioria dos exames nos Estados Unidos, também não há diferenças de gênero registradas em matemática. As pequenas diferenças de desempenho que existem ocorrem apenas no SAT[7] e nos exames de Colocação Avançada (em 2002, a pontuação média das meninas foi de 3,3 em comparação com a dos meninos, de 3,5). Na Inglaterra, um país com um sistema educacional semelhante, as meninas costumavam alcançar níveis mais baixos do que os meninos nos exames, mas agora atingem níveis mais altos em todas as matérias. Na verdade, os resultados para meninas e meninos na Inglaterra mudaram de maneira interessante ao longo do tempo. Na Inglaterra, aos 16 anos, quase todos os alunos fazem o exame do General Certificate of Secondary Education (GCSE) em matemática. Como a matemática é obrigatória até os 16 anos, números iguais de meninos e meninas fazem esse exame. Na década de 1970, os meninos passaram no exame de GCSE de matemática[8] em maior número e obtiveram um número maior de notas mais altas; na década de 1990, meninas e meninos passaram no exame em números iguais, mas os meninos alcançaram as notas mais altas. Em 2000, as meninas estavam passando no exame em taxas mais altas do que os meninos e alcançando mais notas altas.[9] Na Inglaterra, as meninas agora desempenham em níveis iguais ou mais altos que os meninos em matemática e física, no GCSE e em outros exames, e agora alcançam com maior frequência as melhores notas nos exames de alto nível mais exigentes.

As meninas estão se saindo muito bem nos Estados Unidos, na Inglaterra e em muitos outros países, mas seu forte desempenho esconde um fato preocupante – a maioria das salas de aula de matemática não é ambiente equitativo, e elas geralmente se saem bem apesar do ensino desigual. Essa é a razão pela qual as meninas, muitas vezes, optam por sair da matemática mesmo quando estão atingindo altos níveis e mesmo que uma carreira matemática ou científica possa ser muito boa para elas. Em cursos de alto nível e em empregos matemáticos, as estatísticas são bastante alarmantes. Em 2009, as mulheres constituíam apenas 31% dos doutorados em matemática e, em 2005, apenas 18% dos docentes de matemática eram mulheres. O baixo número de mulheres que trabalham como pesquisadoras e cientistas em toda a Europa é um dos problemas prioritários para a União Europeia. Em toda a Europa, 52% dos graduados em educação superior são mulheres, mas apenas 25% delas cursam matérias de ciências, engenharia ou tecnologia. As meninas se saem bem em matemática e ciências porque são capazes e conscienciosas, mas muitas o fazem por meio de persistência, e os ambientes de sala de aula de matemática estão longe de ser justos. De fato, é a versão empobrecida da matemática que é oferecida aos alunos que afasta muitas pessoas, de ambos os sexos, da matéria.

OUTRAS BARREIRAS

É claro que a falta de oportunidade para investigar profundamente não é a única barreira para meninas e mulheres na matemática e nas ciências. As salas de aula de matemática nas escolas são consideravelmente menos estereotipadas por gênero do que eram há 20 anos, quando imagens sexistas prevaleciam nos livros didáticos e os professores de matemática davam mais atenção, reforço e devolutivas positivas aos meninos.[10] Porém, em algumas salas de aula, as meninas ainda sentem atitudes e comportamentos estereotipados, contribuindo para seu menor interesse e sua menor participação em matemática. Algumas salas de aula de matemática e ciências também são altamente competitivas, o que dissuade muitas jovens.

Nos departamentos de matemática das universidades, a situação é pior. Abbe Herzig, professora da State University of Nova York, em Albany, produziu evidências de como o clima dos departamentos matemática das universidades pode ser hostil para mulheres e estudantes de minorias.[11] Herzig observa que as mulheres enfrentam muitos problemas, incluindo sexismo, ideias estereotipadas sobre suas capacidades, sentimentos de isolamento e falta de modelos,[12] especialmente no nível de pós-graduação. Em geral, os departamentos de matemática nos Estados Unidos continuam sendo uma reserva masculina, onde a sub-representação das mulheres entre os alunos é eclipsada apenas pela sub-representação das mulheres entre os professores. Não poderia haver uma declaração mais transparente sobre a ausência de mulheres na história do departamento ou a falta de preocupação por seu senso de inclusão agora.

O ensino em departamentos de matemática também pode ser altamente baseado em regras, o que novamente nega às meninas a oportunidade de perguntar por que e como. Julie, uma das jovens que haviam desistido de seu diploma de matemática na Cambridge University, me explicou:

> Eu acho que foi minha culpa porque eu queria entender cada passo e meio que não pensava sobre o último passo se não tivesse entendido um passo intermediário... Eu não conseguia ver *por que* eles, *como* eles chegaram à resposta. Às vezes você quer saber; eu queria saber.

Para Julie, que havia recebido prêmios por seu desempenho em matemática antes de ir para Cambridge, seu desejo de entender como e por que os métodos funcionavam a impediu de prosseguir com a matéria.

ESTEREÓTIPOS NA SOCIEDADE

Além dos problemas nos departamentos universitários de matemática e nas escolas, os jovens sofrem com os estereótipos que são perpetuados na sociedade, particularmente pela mídia. Ideias como a de que meninas são muito sensíveis e carinhosas para trabalhar nas ciências exatas são baseadas em conceitos incorretos sobre as mulheres e sobre como a matemática e as ciências funcionam. Meninas e mulheres não precisam de uma versão mais suave da matemática. Na verdade, pode-se dizer que os tipos de indagações que as mulheres precisam simbolizam o verdadeiro trabalho matemático, com sua necessidade de prova e análise rigorosa de ideias.

Quando as garotas passaram à frente dos garotos em matemática e ciências (e em todas as outras matérias) na Inglaterra, alarmes soaram em toda parte. De repente, havia dinheiro do governo para investigar as relações de gênero em matemática e ciências, algo que nunca havia acontecido quando as meninas estavam em dificuldade. Foi interessante que – considerando que as pessoas sempre decidiram que o baixo desempenho das meninas em matemática e ciências devia-se ao seu intelecto – quando foram os meninos que estavam com baixo desempenho, as pessoas foram buscar razões externas para isso – com sugestões de que os livros deviam ser tendenciosos, que as abordagens didáticas favoreciam as meninas ou que os professores deviam estar incentivando mais as meninas. Ninguém sugeriu que os meninos não tinham capacidade intelectual para matemática ou ciências. A historiadora Michele Cohen apresenta uma perspectiva interessante sobre a tendência das pessoas de localizar o baixo desempenho das meninas *dentro* das meninas. Ela aponta que isso tem sido feito ao longo da história, e que no século XVII os estudiosos se esforçaram muito para explicar o desempenho das meninas e das classes trabalhadoras, pois acreditava-se que eram os meninos, especificamente os meninos de classe alta, que tinham intelecto. As pessoas naquela época explicavam que a competência verbal superior observada entre as meninas era um sinal de fraqueza e que a língua reticente e a falta de articulação verbal do cavalheiro inglês eram evidência da profundidade e força de sua mente. Inversamente, as habilidades de conversação das mulheres tornaram-se evidência da superficialidade e debilidade de sua mente.[13] Em 1787, o reverendo John Bennett, da Igreja da Inglaterra, argumentou que os meninos pareciam lerdos e obtusos porque eram pensativos e profundos e porque o "[...] ouro cintila menos que o ouropel".[14]

A tendência de localizar causas do baixo desempenho inerentes às meninas e construir ideias sobre a inadequação feminina também é característica de grande parte da pesquisa psicológica sobre gênero. Em minhas entrevistas com estudantes do ensino médio, frequentemente encontro estereótipos sobre o potencial de meninas e meninos. Mas é particularmente perturbador quando descubro que as ideias sobre meninas serem matematicamente inferiores provêm de divulgações de pesquisas. Em uma entrevista recente com um grupo de alunos do ensino médio na Califórnia, perguntei a Kristina e Betsy sobre diferenças de gênero:

JB: Você acha que matemática é diferente para meninos e meninas ou é igual?

K: Bem, está provado que os meninos são melhores em matemática do que as meninas, mas nesta turma, eu não sei.

JB: Mas onde você ouviu que os garotos são melhores que as garotas?

K: Isso está em toda parte – que os caras são melhores em matemática e que as garotas são melhores em inglês.

JB: É mesmo?

B: Sim. Eu assisti no *20/20* [um programa de televisão atual] dizendo que garotas não são boas e pensei: "Bom, se não somos boas nisso, então por que estão me fazendo aprender isso?".

As garotas referem-se a um programa de televisão que apresentou resultados da pesquisa sobre as diferenças entre o desempenho matemático de meninas e meninos.

O problema com algumas pesquisas sobre equidade não é os pesquisadores terem observado que as meninas estavam realizando menos do que os meninos ou que as meninas demonstravam menos confiança nas aulas de matemática, mas que essas descobertas eram atribuíveis à natureza das meninas, e não a causas externas. Isso levou os educadores a propor intervenções que eram bem-intencionadas, mas que visavam a mudar as meninas. A década de 1980 gerou inúmeros programas destinados a tornar as meninas mais confiantes e desafiadoras.[15] A ideia por trás de tais programas costuma ser boa, mas eles também colocam a responsabilidade de mudar aos pés das meninas, e não aos ambientes de ensino de matemática ou do sistema social mais amplo. Em 5 de julho de 1989, o *The New York Times* publicou a manchete "Números não mentem: homens desempenham melhor do que mulheres",[16] com um artigo discutindo diferenças de gênero nos resultados do SAT. Mas esse artigo, como muitos outros, usou diferenças de desempenho para sugerir que as mulheres eram matematicamente inferiores, em vez de questionar os ambientes de ensino e aprendizagem – bem como os vieses que eles próprios estavam ajudando a criar – que causavam o fraco desempenho das mulheres. Agora que elas estão à frente na maioria das áreas, é interessante notar a ausência de manchetes análogas que proclamem a sua superioridade.

Uma vez sugeriu-se que as meninas são feitas de "açúcar e tempero e tudo que há de bom"* – uma rima inofensiva talvez, mas a ideia de que as meninas são açucaradas e carecem de rigor intelectual para matemática e ciências ainda está por aí. Está na hora de enterrar essas ideias e encorajar as meninas a ingressar na matemática e nas ciências, pelo seu próprio bem e pelo bem das próprias disciplinas. A matemática envolve e sempre envolveu investigação profunda, conexão e pensamento rigoroso. As meninas são ideais para estudar a matemática de alto nível – e a única razão pela qual muitas delas abandonam a matemática é porque a matéria é deturpada e mal-ensinada em muitas salas de aula nos Estados Unidos.

Recentemente, fui convidada pela Casa Branca para apresentar à Comissão de Mulheres e Meninas as razões pelas quais poucas mulheres escolhem seguir disciplinas STEM. Naquele dia, disse ao grupo que a matemática é uma das razões pelas quais as meninas não avançam nas disciplinas STEM porque elas buscam uma profundidade de compreensão que muitas vezes não está disponível nas salas de aula de matemática. Também incitei o grupo a prestar mais atenção ao ensino (em vez de focar apenas em estereótipos, mensagens e modelos), pois acredito que isso é negligenciado nas discussões políticas. Observo as iniciativas de envolver as meninas, como cursos de férias e cursos extracurriculares, e sei que essas iniciativas têm um impacto positivo, mas elas estão operando no sentido de *mudar as*

---

* N. de T. Em inglês, *sugar and spice and all things nice.*

meninas, e não de mudar os ambientes de ensino que as afastam dessas disciplinas. Precisamos urgentemente reorientar a matemática e outras matérias para que elas se concentrem na compreensão e na investigação profunda. Quando tais mudanças são feitas, o número de meninas que optam por disciplinas STEM é igual ao de meninos, e esse é um objetivo que devemos priorizar nos Estados Unidos, não apenas pelo futuro das meninas e mulheres, mas também para o futuro dessas disciplinas.

7

Estratégias e maneiras fundamentais de trabalhar

Em meu trabalho com a equipe do Programa Internacional de Avaliação de Estudantes (PISA), em Paris, descobrimos que os alunos adotam diferentes abordagens diferentes em relação à matemática e que isso influencia muito seu sucesso ou insucesso. O incrível conjunto de dados do PISA, que inclui 13 milhões de estudantes do mundo inteiro, mostra que os alunos que usam a memorização como sua principal estratégia são os que apresentam o pior desempenho no mundo. Isso está de acordo com minhas análises do ensino e da aprendizagem de matemática ao longo das décadas. Penso que os alunos iniciam sua jornada na matemática em dois rumos contrastantes: um deles leva ao sucesso e ao prazer e o outro leva à frustração e ao fracasso. Os alunos começam esses percursos desde muito pequenos. Neste capítulo, revisarei um estudo que ilustra muito bem os diferentes caminhos, além de sua relação com o desempenho, antes de descrever a época em que eu e meus alunos de pós-graduação decidimos mudar as trajetórias dos alunos por meio de um programa de ensino em um curso de verão. O que executamos em um período de cinco semanas, em um contexto desafiador, pode, com certeza, ser executado por professores ao longo de um ano, sendo possível também para pais, desde que munidos do correto conhecimento da pesquisa e das ideias que vou compartilhar. Também incluo as histórias de algumas crianças que mudaram seu desempenho após o curso de verão, já que as diferentes circunstâncias e razões para o baixo desempenho em matemática podem lembrar aos leitores seus próprios filhos e alunos, bem como as barreiras que eles frequentemente enfrentam.

UMA MANEIRA DECISIVA DE TRABALHAR

Em um influente estudo, dois pesquisadores britânicos, Eddie Gray e David Tall, identificaram as razões pelas quais muitas crianças têm dificuldade com a matemática.[1] Os resultados foram tão importantes que deveriam ser anunciados em megafones e postados em toda sala de aula de matemática nos Estados Unidos.

Gray e Tall conduziram um estudo com 72 alunos com idades entre 7 e 13 anos. Eles pediram aos professores da Inglaterra que identificassem as crianças de suas turmas acima da média, na média ou abaixo da média e entrevistaram cada uma delas. Os pesquisadores deram aos alunos vários problemas de adição e subtração para resolver. Um tipo de problema exigia a adição de um número de um único dígito, como 4, a um número de dois dígitos abaixo de 20, como 13. Eles registraram as diferentes estratégias usadas pelas crianças, as quais se revelaram cruciais na previsão do desempenho dos alunos.

Por exemplo, consideremos 4 + 13.

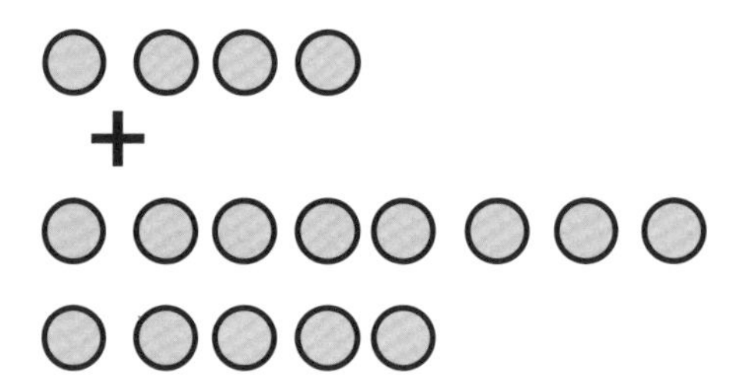

Uma estratégia para resolver esse problema de adição é denominada "contar tudo". Com essa estratégia, os alunos olham os 4 pontos e os contam (1-2-3-4); depois, eles olham os 13 pontos e os contam (1-2-3-4-5-6-7-8-9-10-11-12-13); eles então olham todos os pontos e os contam, de 1 a 17. Essa é frequentemente a primeira estratégia que as crianças usam quando estão aprendendo a contar.

Uma estratégia mais sofisticada que se desenvolve a partir do "contar tudo" é chamada de "continuar contando". Um aluno que usa essa estratégia contaria de 1 a 4 e depois continuaria de 5 a 17.

Uma terceira estratégia é denominada "fatos conhecidos" – algumas pessoas simplesmente sabem, sem somar ou pensar, que 4 e 13 são 17 porque se lembram desses fatos numéricos.

A quarta estratégia é chamada de "fatos derivados". É aqui que os alunos decompõem e recompõem os números para torná-los mais familiares para somar e subtrair. Então eles podem dizer: "Bem, eu sei que 10 mais 4 é 14", e então eles acrescentam o 3.

Esse tipo de estratégia, de decompor e recompor números, é útil quando você precisa fazer cálculos, especialmente de cabeça. Por exemplo, você pode precisar saber a resposta para 96 + 17. Para a maioria das pessoas, essa é uma soma desagradável que parece intimidante, mas se antes subtrairmos 4 de 17 e o somarmos ao 96, o problema se torna 100 + 13, o que é muito mais razoável. Pessoas que são boas em matemática decompõem e recompõem números o tempo todo. Essa é a estratégia que os pesquisadores chamaram de "fatos derivados", quando os estudantes convertem os números em outros para os quais já conhecem as respostas, decompondo e recompondo. Um termo melhor e mais conhecido para esse uso flexível de números é *senso numérico*. Estudantes com senso numérico são capazes de usar números de forma flexível, agrupando números, decompondo e recompondo.

Os pesquisadores descobriram que as crianças acima da média na faixa etária de 8 anos ou mais continuavam contando em 9% dos casos, usavam fatos conhecidos em 30% do tempo e usavam o senso numérico em 61% do tempo. Na mesma faixa etária, os alunos que estavam abaixo da média contavam tudo em 22% do tempo, continuavam contando em 72% do tempo, utilizavam fatos conhecidos em 6% do tempo, mas nunca usavam senso numérico. Foi essa ausência de senso numérico que se mostrou decisiva para o baixo desempenho deles.

Quando os pesquisadores analisaram crianças de 10 anos, descobriram que o grupo abaixo da média usava o mesmo número de fatos conhecidos que as crianças de 8 anos acima da média, podendo-se pensar que elas aprenderam mais fatos ao longo dos anos, mas, visivelmente, ainda não estavam usando senso numérico. Em seu lugar, elas estavam contando. O que aprendemos com isso, e com outras pesquisas, é que os alunos de alto desempenho não apenas sabem mais, mas trabalham de maneiras muito diferentes – e, decisivamente, empregam o raciocínio flexível quando trabalham com números, decompondo e recompondo-os.

Os pesquisadores tiraram duas conclusões importantes de suas descobertas. Uma delas é que os alunos de baixo desempenho são frequentemente considerados aprendizes *lentos*, quando na verdade não estão aprendendo as mesmas coisas lentamente. Em vez disso, eles estão aprendendo uma matemática *diferente*. A segunda é que a matemática que os alunos de baixo desempenho estão aprendendo é uma matéria mais difícil.

Como exemplo de matemática muito difícil, que as crianças abaixo da média estavam usando, considere a estratégia de contar para trás, que elas frequentemente utilizavam com problemas de subtração. Por exemplo, quando recebiam problemas como 16 – 13, elas iniciavam do número 16 e contavam para trás 13 números (16-15-14-13-12-11-10-9-8-7-6-5-4-3). A complexidade cognitiva dessa tarefa é enorme, e o espaço para erros é imenso. As crianças acima da média não fizeram isso. Elas disseram: "16 menos 10 é 6 e 6 menos 3 é 3", o que é muito mais fácil. A pesquisa mostrou que os alunos que estavam atingindo níveis elevados eram aqueles que haviam descoberto que os números podem ser separados e agrupados de forma flexível novamente. O problema para as crianças de baixo desempenho era simplesmente que elas não haviam aprendido a fazer isso. Os pesquisadores também descobriram que quando os alunos de baixo desempenho falhavam em seus métodos, eles não os mudavam; em vez disso, eles voltavam a contar. O fato é que muitos dos alunos de baixo desempenho tornaram-se extremamente eficientes com números pequenos, o que os levava a uma sensação de segurança. Os alunos de baixo desempenho passaram a acreditar que, para serem bem-sucedidos, precisavam contar com muita precisão. Infelizmente, os problemas se tornam cada vez mais difíceis em matemática, e, com o passar do tempo, os alunos de baixo desempenho tentavam contar em situações cada vez mais complexas. Enquanto isso, os alunos de alto desempenho tinham esquecido as estratégias de contagem e estavam trabalhando com números de forma flexível. Essa é uma tarefa mais fácil, mas é também uma maneira importante de trabalhar em matemática. Enquanto os alunos de baixo desempenho continuavam contando, os alunos de alto desempenho trabalhavam com flexibilidade e avançavam cada vez mais.

Não surpreendentemente, os pesquisadores descobriram que os alunos de menor desempenho que não estavam usando números de forma flexível também estavam deixando de usar outras atividades matemáticas importantes. Por exemplo, uma das coisas essenciais que as pessoas fazem quando aprendem matemática é compactar ideias. O que isso significa é que, quando estamos aprendendo uma nova área da matemática, como a multiplicação, podemos inicialmente ter dificuldade com os métodos e as ideias e ter de praticá-los e usá-los de maneiras diferentes, mas em algum momento as coisas se tornam mais claras, período em que compactamos o que sabemos e avançamos para ideias mais difíceis. Em um estágio posterior, quando precisarmos usar multiplicação, podemos usá-la de forma bastante automática, sem pensar no processo em profundidade.

O professor de matemática e ciência da computação, na Cornell University, William Thurston já recebeu a maior distinção em matemática – a Medalha Fields – e descreveu bem o processo de aprender matemática:

> A matemática é incrivelmente compressível: você pode ter dificuldade por um longo tempo, a cada passo, para trabalhar com o mesmo processo ou ideia a partir de várias abordagens. Mas depois de realmente compreendê-la e ter a perspectiva mental para vê-la como um todo, muitas vezes há uma tremenda compactação mental. Você pode arquivá-la, acessá-la de forma rápida e comple-

> ta quando necessário e usá-la apenas como um passo em algum outro processo mental. O *insight* que acompanha essa compactação é uma das verdadeiras alegrias da matemática.[2]

Uma maneira de pensar visualmente sobre a aprendizagem de matemática é pensar em um triângulo como o que se vê na imagem a seguir. O espaço maior no topo do triângulo é a nova matemática que você aprende, sobre a qual você precisa pensar e relacionar a outras áreas, e que ocupa um grande espaço em seu cérebro. A área menor na parte inferior do triângulo representa a matemática que você conhece bem e que foi compactada.

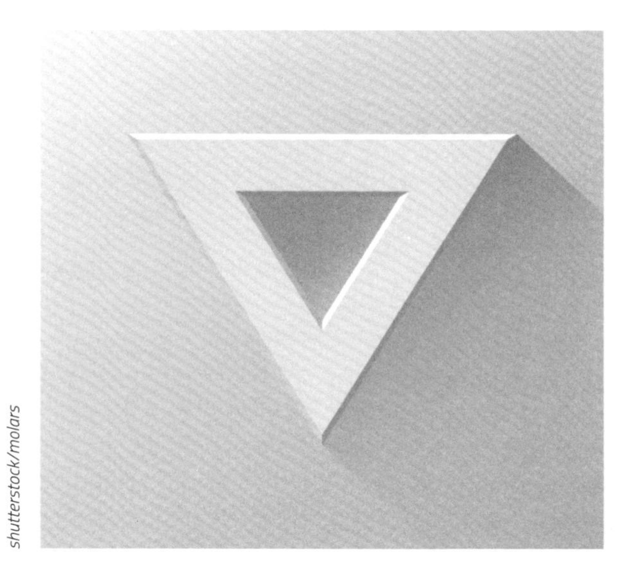

shutterstock/molars

É essa compactação que torna fácil usar conceitos aprendidos há muitos anos, como adição ou multiplicação, sem ter que pensar em como funcionam sempre que as usamos. Gray e Tall descobriram que os alunos de baixo desempenho não estavam compactando ideias. Em vez disso, eles estavam muito concentrados em relembrar diferentes métodos, empilhando um novo método em cima do outro. Nossos cérebros só podem compactar conceitos, não regras ou métodos, e os alunos de baixo desempenho não estavam pensando conceitualmente, provavelmente porque foram levados a acreditar que a matemática envolve apenas regras. Para alunos de baixo desempenho, a aprendizagem da matemática não seria representada como um triângulo. Seria mais como uma escada interminável que se estende até o céu, cada degrau sendo uma regra ou outro procedimento a ser aprendido.

Bruce Rolff

Alunos que não aprendem a usar os números de forma flexível muitas vezes se apegam a métodos e procedimentos que são ensinados, acreditando que cada método é igualmente importante e deve ser lembrado e reproduzido com cuidado. Para esses alunos, a matemática que estão aprendendo é muito mais difícil.

Os estudantes que têm dificuldade para dominar cada vez mais procedimentos, sem usar números de forma flexível ou compactar conceitos, estão trabalhando com o modelo errado da matemática. Esses estudantes precisam trabalhar com alguém que mude sua trajetória matemática e lhes ensine a usar os números de maneira flexível e a pensar em conceitos matemáticos. No entanto, em vez de trabalhar com pessoas que mudem a abordagem dos alunos, o que normalmente acontece é que eles são rotulados como alunos de baixo desempenho e decide-se que eles precisam de mais exercícios, colocando-os em aulas em que repetem métodos inúmeras vezes. Essa é a última coisa que esses alunos precisam e isso simplesmente alimenta a visão defeituosa que eles têm sobre a matemática. O que eles precisam, como sugerirei no próximo capítulo, é de oportunidades para brincar com números e desenvolver o senso numérico. Felizmente, os alunos podem aprender a usar números de maneira flexível e considerar conceitos em qualquer idade, e foi com esse conhecimento que eu e meus alunos de pós-graduação começamos a trabalhar com estudantes que anteriormente apresentavam um baixo desempenho. Procuramos proporcionar-lhes a experiência de usar a matemática de forma flexível. Esta é a história do que aconteceu.

O VERÃO DE MATEMÁTICA

Enquanto me preparava para ensinar alunos dos 6º e 7º anos nas salas de aula da Califórnia, fiquei um pouco nervosa – fazia anos que eu não ensinava matemática nas escolas e toda a minha experiência tinha sido em Londres. O cenário era um curso de verão de cinco semanas na área da Baía de São Francisco. As aulas dos cursos de verão não são conhecidas pela seriedade no trabalho em matemática. Os alunos ficam lá por um curto período de tempo, o que torna difícil estabelecer rotinas cuidadosas e boas na sala de aula. As turmas também eram extremamente heterogêneas, reunindo estudantes que adoravam matemática e queriam passar mais tempo com a matéria no final do ano letivo normal e alunos que foram forçados a comparecer porque estavam sendo reprovados. Refletindo essa heterogeneidade, 40% dos alunos ganharam nota A ou B no ano anterior e 40% receberam nota D ou F.

Eu e quatro de meus alunos de pós-graduação – Nick, Tesha, Emily e Jennifer – lecionamos para quatro turmas de alunos dos 6º e 7º anos durante duas horas por dia, quatro dias por semana. Nosso ensino e a aprendizagem dos alunos foram o tema de uma pesquisa – as aulas foram observadas, os alunos responderam a questionários e foram entrevistados e avaliados para monitorar sua aprendizagem. As turmas eram diversificadas em termos raciais (39% hispânicos, 34% brancos, 11% afro-americanos, 10% asiáticos, 5% filipinos, 1% americanos nativos) e socioeconômicos. Iniciarei com uma breve descrição das aulas da escola de verão e depois ilustrarei o impacto do ensino, recordando as experiências de quatro jovens muito interessantes.

Um dos objetivos de nossas aulas de verão era proporcionar aos alunos oportunidades de usar a matemática de maneira flexível e aprender a decompor e recompor números. Também queríamos que eles aprendessem a fazer perguntas matemáticas, a explorar padrões e conexões, a pensar, generalizar e resolver problemas, pois todas essas são formas imprescindíveis de trabalhar em matemática, ainda que muitas vezes negligenciadas nas salas de aula. Como a maioria dos alunos havia passado os últimos anos resolvendo folhas de exercícios e treinando procedimentos nas aulas de matemática, isso foi uma grande mudança para eles. Decidimos focar as aulas de verão no pensamento algébrico – porque imaginamos que seria muito útil para os alunos nos anos futuros – e nos concentrar em formas de trabalho essenciais, incluindo fazer perguntas, usar a matemática com flexibilidade, raciocinar e representar ideias. Essas diferentes maneiras de trabalhar são essenciais para ter êxito em matemática, mas com frequência são negligenciadas nas salas de aula.

Seria razoável supor que os alunos, particularmente os do 6º e 7º anos, sabem fazer perguntas em uma aula de matemática. Fazer perguntas é uma parte importante de ser aprendiz e uma das coisas mais úteis que um aluno pode fazer. Mas as pesquisas mostram que as perguntas dos alunos diminuem à medida que eles avançam na escola e são surpreendentemente raras nas salas de aula.[3,4] De fato, essas pesquisas sugerem que, com o passar dos anos, os alunos *não* aprendem a fazer perguntas, e sim a ficar em silêncio, mesmo quando não entendem. Já foi demonstrado que o ato de perguntar aumenta o desempenho em matemática e melhora as atitudes entre os alunos, e sabemos que aqueles que fazem muitas perguntas geralmente são os melhores.[5] Embora muitos professores valorizem as perguntas dos alunos, eles não os incentivam explicitamente a fazê-las. Durante as nossas aulas na escola de verão, escolhemos estimular os alunos a fazer perguntas e ensinar as qualidades de uma boa pergunta matemática. Começávamos nossas aulas dizendo o quanto valorizávamos as perguntas. Quando os alunos faziam boas perguntas, nós as escrevíamos em grandes folhas de papel e as pendurávamos ao redor da sala. Também dávamos aos alunos problemas matemáticos e os encorajávamos a ampliar os problemas propondo suas próprias questões. Quando os alunos foram entrevistados, durante e depois do verão, muitos deles mencionaram que aprender a fazer perguntas era uma estratégia útil nas aulas de matemática.

Um segundo aspecto da aprendizagem de matemática que encorajamos foi o do *raciocínio* matemático. Os alunos aprendem a raciocinar ao serem solicitados, por exemplo, a justificar suas afirmações matemáticas, explicar por que algo faz sentido ou defender suas respostas e seus métodos a céticos matemáticos.[6-9] Alunos que aprendem a raciocinar sobre situações e a determinar se elas foram corretamente respondidas aprendem que a matemática é uma matéria que eles podem entender, e não apenas uma lista de procedimentos a memorizar. Quando conversávamos com os alunos (individualmente ou em grupos) ou com toda a turma, sempre pedíamos que nos dissessem por que achavam que uma resposta fazia sentido e que a justificassem para seus colegas. Ao final do verão, os alunos estavam fazendo isso por si mesmos e incentivando uns aos outros a explicar e justificar quando falavam sobre suas ideias matemáticas.

Além de fazer perguntas e raciocinar, também destacamos a importância das representações matemáticas. Solucionadores de problemas proficientes frequentemente usam representações para resolver problemas e comunicar resultados. Por exemplo, eles podem transformar um problema apresentado com números em um gráfico ou diagrama que aponta diferentes aspectos do problema. Ou eles podem escolher uma representação específica para destacar algo que ajude um colaborador a entender melhor. Embora a representação seja uma parte essencial do trabalho matemático, e muitas vezes seja a primeira coisa que os matemáticos fazem, ela raramente é ensinada em salas de aula. No curso de verão, propúnhamos aos alunos problemas que eram exibidos de diferentes maneiras, especialmente de modo visual, com manipulativos (como cubos e fichas) e diagramas, e pedíamos a eles que produzissem representações como parte de seu trabalho. Nas entrevistas com os alunos, alguns deles nos disseram que nunca tinham *visto* uma ideia matemática antes e que as diferentes representações que haviam visto e aprendido tinham sido extremamente influentes para eles.

Em todos os nossos problemas, incentivamos e valorizamos o uso flexível de números. Um dos melhores métodos que conheço para ensinar a usar números de maneira flexível é uma abordagem chamada *Conversas Numéricas*, criada pela renomada educadora Ruth Parker.[10,11] Em Conversas Numéricas, o professor pede aos alunos que trabalhem individualmente e sem papel e caneta ou lápis. O professor coloca uma conta (geralmente um problema de adição ou multiplicação) no quadro ou projetor e pede aos alunos que encontrem a resposta de cabeça. Um exemplo de um problema que apresentamos foi 18 × 5. Os professores pedem aos alunos que sinalizem privadamente quando têm uma resposta, geralmente mostrando o polegar, mas não levantando a mão, pois isso é muito explícito e coloca outros alunos sob pressão, além de transformar a atividade em um concurso de velocidade. O professor então coleta todos os diferentes métodos que os alunos usaram. Quando propusemos 18 × 5, quatro alunos compartilharam seus diferentes métodos para descobrir a resposta.

Método 1	Método 2	Método 3	Método 4
18 + 2 = 20	10 × 5 = 50	15 × 5 = 75	5 × 18 = 10 × 9
20 × 5 = 100	8 × 5 = 40	3 × 5 = 15	10 × 9 = 90
5 × 2 = 10	50 + 40 = 90	75 + 15 = 90	
100 - 10 = 90			

Todos esses métodos diferentes envolvem a decomposição e recomposição de números, transformando o cálculo original em outros cálculos equivalentes que são mais fáceis. Quando alguns alunos ofereceram esses exemplos, outros viram o uso flexível de números pela primeira vez.

Ao participarem das Conversas Numéricas, os alunos perceberam que não havia pressão para terminar rapidamente e que podiam usar qualquer método com o qual se sentissem confortáveis, começando a gostar muito deles. Alguns alunos aprenderam, pela primeira vez, a decompor e recompor números, como recomendaram Gray e Tall, pois viram outros fazendo isso e perceberam que era extremamente útil. Muitos dos alunos mencionaram as Conversas Numéricas como o destaque do verão, pois gostaram, particularmente, do desafio, sem mencionar a experiência de compartilhar e ver diferentes métodos matemáticos. Embora a matemática tenha fama de ser uma matéria de métodos únicos – em que cada problema exige um método-padrão que deve ser lembrado –, nada poderia estar mais longe da verdade. Parte da beleza dos problemas matemáticos é que eles podem ser vistos e abordados de maneiras diferentes e, embora muitos tenham uma única resposta, eles podem ser respondidos usando diferentes abordagens. Quando perguntamos aos alunos sobre aspectos do ensino que foram úteis, aprender sobre métodos diferentes foi um dos aspectos mais citados, perdendo apenas para a colaboração com os colegas.

No primeiro dia do curso de verão, demos aos alunos um diário em branco para que desenvolvessem e registrassem seu pensamento matemático durante as cinco semanas. Queríamos que os diários fossem um espaço em que eles brincassem com ideias – bem como um lugar seguro de comunicação conosco para aqueles que estavam com medo ou não queriam compartilhar ideias em público. Recolhíamos os diários com frequência para identificar pensamentos matemáticos com os quais poderíamos contribuir e para dar um retorno aos alunos. Poucos dos alunos haviam tido a oportunidade de escrever sobre matemática antes ou de manter notas organizadas, o que acabou sendo muito importante para alguns deles.

Na maioria das aulas, os alunos trabalharam juntos, em pequenos grupos ou com parceiros. Em algumas aulas, permitimos que escolhessem onde sentar e os grupos de trabalho; em outras ocasiões, optamos por atribuir assentos para ajudá-los a se ocupar de forma produtiva e proporcionar a experiência de trabalhar com várias pessoas e ideias. Nossa decisão de permitir que os alunos às vezes se sentassem onde quisessem fazia parte de nosso compromisso geral com a promoção e o encorajamento da escolha, autonomia e responsabilidade. Enfatizamos que eles eram encarregados de sua própria aprendizagem, encorajando-os a fazer mudanças em seu comportamento para melhorar sua aprendizagem nas aulas.

Durante o verão, combinamos diferentes tarefas e formas de trabalho, já que variedade é muito importante no trabalho matemático. Existem muitas maneiras valiosas de trabalhar em aulas de matemática – incluindo exposições, discussões entre estudantes e atividade individual – e há muitos tipos importantes de tarefas nas quais os alunos podem trabalhar, desde projetos aplicados longos até perguntas curtas, incluindo investigações contextuais e abstratas. Mas nenhum desses métodos ou dessas tarefas deve ser usado exclusivamente, pois há benefícios para alunos que experimentam diversas maneiras de trabalhar, especialmente porque precisarão empenhar-se de diferentes maneiras em trabalhos e vidas privadas. Nas aulas de matemática tradicionais, uma das maiores queixas (e certamente a mais razoável) é a de que as aulas são sempre iguais. A monotonia causa insatisfação; isso também significa que os alunos só aprendem a trabalhar como fizeram em aula – usando procedimentos recém vistos. Durante nossas aulas, passamos algum tempo discutindo ideias em classe e algum tempo discutindo ideias em grupos. Muitas vezes passamos aos alunos problemas longos para serem resolvidos com outros colegas e, às vezes, passamos perguntas mais curtas em folhas para resolverem sozinhos. Passamos tarefas nas quais eles exploraram padrões, semelhantes ao trabalho algébrico usado nas escolas Phoenix Park e Railside, e também passamos tarefas aplicadas, como uma atividade sobre a Copa do Mundo de futebol. Nessa tarefa, os alunos precisavam descobrir quais equipes jogariam entre si e quantas partidas diferentes haveria, como introdução à análise combinatória. Às vezes, os alunos recebiam tarefas para trabalhar por um determinado período de tempo; outras vezes, permitíamos que escolhessem as tarefas para trabalhar e a quantidade de tempo trabalhado. Também eram encorajados a usar suas próprias ideias para ampliar problemas e escolher métodos que fizessem mais sentido. Em todas as nossas atividades, os incentivamos a fazer perguntas, representar, raciocinar e generalizar, compartilhar e pensar sobre métodos diferentes. Também passamos muito tempo construindo a confiança dos alunos, elogiando-os por seu trabalho e por suas ideias quando elas eram boas.

No final das nossas aulas, aplicamos o mesmo teste de álgebra que havia sido aplicado aos alunos alguns meses antes em suas aulas normais. Eles pontuaram em níveis significativamente mais altos, embora as aulas tenham sido mais amplas e não tenha sido visto ou ensinado o conteúdo dos testes. A pontuação média antes do verão foi de 48% e no final do verão foi de 63%, um aumento significativo. Em levantamentos, 87% dos alunos relataram que as aulas de verão foram mais úteis do que as aulas regulares e 78% afirmaram que gostaram muito das aulas. Em entrevistas, todos os alunos foram extremamente positivos sobre as aulas de verão. Muitos disseram aos entrevistadores que suas aulas normais eram chatas e frustrantes, em parte porque eram obrigados a trabalhar em silêncio. Ao refletir sobre o curso de verão, os alunos falaram sobre seu prazer e aprendizagem, especialmente pela parceria com os colegas, da aprendizagem de vários métodos, das diferentes estratégias de aprendizagem e das oportunidades que receberam para pensar e raciocinar.

Além dos relatos positivos apresentados em entrevistas e pesquisas anônimas, houve uma grande melhoria na participação dos alunos nas aulas durante o verão. Na primeira aula, pedimos aos alunos que completassem uma pesquisa que lhes perguntava de quem tinha sido a ideia de fazer o curso de verão e se queriam estar ali. Isso revelou que 90% dos alunos foram obrigados a comparecer e a maioria disse que não queria estar ali. As principais razões apresentadas por aqueles que disseram que não queriam comparecer foram que seria chato, que estavam perdendo o verão, que preferiam ficar com os amigos e que isso seria desnecessário. A participação inicial dos alunos em nossos encontros refletiu sua falta de entusiasmo. Na primeira aula, muitos alunos mantiveram-se silenciosamente retraídos, sentados com a cabeça entre os braços, escondidos debaixo de capuzes, socializando com amigos, conversando em voz alta e resistindo aos nossos pedidos de trabalho. Ficamos encantados que, no decorrer do verão, a participação mudou drasticamente. Depois de apenas alguns dias, os alunos começaram a chegar às aulas entusiasmados para começar, levavam os problemas de matemática muito a sério, estavam interessados em questões matemáticas, participavam de discussões com toda a turma e, de modo geral, o interesse começou a passar de preocupações sociais para questões matemáticas.

Quando os alunos retornaram às aulas do ensino médio, no outono, mantivemos o acompanhamento de seus desempenhos. Pesquisadores visitaram as aulas para observar as abordagens de ensino que estavam experimentando e a participação deles. Essas observações nos preocuparam quando vimos os alunos sentados em filas, em silêncio, trabalhando em questões curtas e estreitas que exigiam um único procedimento para serem solucionadas. Infelizmente, eles estavam retornando aos mesmos ambientes de matemática que a maioria havia dito que odiava, recebendo oportunidades limitadas ou nenhuma oportunidade de usar as abordagens de aprendizagem enfatizadas no verão. Isso não nos deu muita esperança de que as aulas de matemática que havíamos ministrado durante o verão, em que os alunos haviam se engajado e se animado tanto para aprender, teriam um impacto duradouro. É muito difícil que os alunos retornem ao mesmo ambiente em que se saíam mal antes e se saiam melhor, mesmo depois de um verão desfrutando da matemática e aprendendo novas maneiras de trabalhar. É por isso que o lar é um lugar tão importante para incentivá-los a trabalharem de maneira positiva. Foi gratificante ver que as notas de matemática dos nossos alunos melhoraram significativamente no outono, enquanto o grupo de controle – que frequentou a mesma escola de verão, mas não as nossas aulas – não melhorou o suficiente. Infelizmente, mas não surpreendentemente, o entusiasmo renovado e o aumento do desempenho dos alunos não duraram e suas notas caíram e no trimestre seguinte.

Alguns dos alunos que assistiram às nossas aulas obtiveram notas mais altas no trimestre depois do verão *e continuaram obtendo notas mais altas em matemática*. Para esses jovens, a intervenção matemática, mesmo que de maneira curta, lhes trouxe uma nova abordagem da matemática que continuou sendo usada. Quando entrevistamos Lisa, uma das alunas que mantiveram seu melhor desempenho, e perguntamos como as aulas de verão a estava ajudando em seu ano letivo normal, ela disse: "Quando não sei como resolver um problema da mesma maneira que o professor, eu tenho outras formas de resolvê-lo". Melissa, uma estudante que havia tirado nota F antes do verão e nota A depois dele, disse aos entrevistadores que a parte mais útil do verão foi aprender estratégias – em especial "fazer uma pergunta se não tiver certeza" e procurar padrões. Ela também disse: "Eu detestava matemática e a achava chata, mas nessa aula a matemática era muito divertida". O prazer de Melissa e sua aprendizagem de estratégias certamente tiveram um grande impacto em seu desempenho. No próximo capítulo, descreverei de que forma as estratégias que ensinamos aos alunos durante o verão podem ser incentivadas em casa.

Os resultados da pesquisa sobre o grupo de alunos que ensinamos foram muito positivos, mas as histórias dos indivíduos são provavelmente mais interessantes e elucidativas para entendermos por que muitas pessoas perdem o interesse pela matemática. Vamos examinar quatro daqueles alunos.

Rebecca, que precisava entender

Ao longo de mais de trinta anos como professora e pesquisadora, conheci muitos estudantes parecidos com Rebecca – e geralmente são meninas. Rebecca era conscienciosa, motivada e de alto desempenho. Mesmo tendo alcançado notas A+ em matemática, ela não se sentia boa na matéria. Como muitos outros alunos, ela era capaz de seguir e reproduzir com perfeição os métodos que os professores demonstravam em suas aulas normais, mas queria entender a matemática e não achava que as apresentações operacionais da matemática que via lhe davam acesso à compreensão. Rebecca descreveu suas aulas de matemática anteriores como sempre iguais – a professora começava com um aquecimento e depois distribuía entre os alunos folhas de exercícios a serem resolvidos individualmente. Não havia discussões em sala de aula, e as questões trabalhadas eram superficiais e procedimentais. Em entrevistas, perguntamos a Rebecca e a sua amiga Alice se elas se consideravam "pessoas de matemática". Quando Rebecca disse não, Alice protestou, dizendo que Rebecca havia ganhado um prêmio em matemática. Perguntei à Rebecca sobre isso e por que ela não se considerava uma pessoa de matemática. Ela disse: "Não consigo lembrar bem as coisas e há muito o que lembrar".

Quando os alunos me dizem que há muito o que lembrar em matemática, sei que eles estão sendo mal-ensinados e que a matéria está sendo mal-interpretada. Sei também que estão sendo sobrecarregados pelos procedimentos que os professores demonstram e acreditam que tudo deve ser memorizado, em vez de compreender os conceitos que vinculam os métodos e tornam a memorização desnecessária. Rebecca me explicou que você "tem que se lembrar" da matemática e que era difícil lembrar porque "você não a usa na vida". Todas as aulas sobre procedimentos que Rebecca teve fizeram-na sentir-se um fracasso, apesar de tirar A+. Nossas aulas de matemática foram muito diferentes, pois ensinamos aos alunos estratégias e ideias que conectam os procedimentos matemáticos e dão acesso à compreensão. As notas que os professores escreveram sobre Rebecca em suas recomendações para as aulas de verão nos diziam que ela não iria, em nenhuma circunstância, conversar em aula porque ela era uma "silenciosa seletiva" – isto é, tinha optado por nunca falar. Mas como Rebecca passou a apreciar os problemas de matemática apresentados e a compreender a matemática que ensinamos, ela não só falava em sala de aula como também optava por ir ao quadro e mostrar para toda a turma o que tinha feito. Ficamos surpresos e emocionados ao ver Rebecca participar tão publicamente e sabíamos que sua participação atestava a compreensão matemática que ela estava adquirindo pela primeira vez.

Rebecca nos disse que apreciava as aulas de verão porque elas permitiam compreender a matemática. Perguntada sobre as diferenças entre as aulas de verão e as aulas de matemática anteriores, ela disse: "Nós estendemos muito mais os exercícios. Antes, nós apenas chegávamos às respostas sem analisá-los... Como os padrões que a gente consegue realmente olhar e descobrir como ele cresce... Estender os problemas ajuda a entendê-los melhor. Nesta aula, a gente não para quando chega à resposta, a gente continua".

Rebecca estava certa de que trabalhar em problemas mais longos do que ela podia explorar e examinar lhe deu acesso a uma compreensão que ela nunca teve. Alguns leitores podem se preocupar com o fato de que alunos com alto desempenho não podem aprender nas mesmas turmas que alunos que recebem notas D e F, mas Rebecca não deu nenhuma indicação, em sala de aula ou em entrevistas, de que ela estava sendo retida em um ambiente tão misto. Pelo contrário, ela refletiu em seu diário que a turma da escola de verão "tem sido mais útil porque vamos devagar para garantir que todos entendam tudo e usamos métodos de aprendizagem diferentes".

Quando perguntaram a Rebecca o que ela havia aprendido, ela falou sobre muitos aspectos da aula. Disse que aprendeu a generalizar padrões algébricos "em vez de apenas contemplá-los", que aprendeu a multiplicar números de dois dígitos de cabeça (nas Conversas Numéricas) e que aprendeu estratégias, como organização e elaboração de perguntas. Além disso, em suas palavras, ela aprendeu "a pensar além da resposta para o problema".

Como Rebecca resumiu sua experiência, "eu aprecio essa aula mais do que qualquer outra aula de matemática que eu tive porque estamos aprendendo matemática de uma maneira divertida e eu acho que podemos aprender tanto ou mais matemática assim quanto em um livro didático".

Rebecca continuou a receber notas A+ no ano seguinte a nossas aulas de verão, e esperávamos que ela não acreditasse mais que a matemática era uma matéria que precisava ser lembrada sem compreensão ou prazer.

Jorge, que precisava de uma chance e uma oportunidade[12]

Jorge veio para a nossa aula de matemática com um histórico de notas D e F em matemática – e na escola em geral. Ele chegou às aulas no primeiro dia com um enorme sorriso no rosto, brincando com três amigos. Como na maioria dos dias, estava vestindo *jeans* largos e um boné do Oakland Raiders, que só tirava depois de muita bajulação por parte da professora. Durante essa primeira aula, Jorge e seus amigos riram e falaram o tempo todo, ocupando-se muito pouco com a matemática. Jorge era uma força social na sala de aula, engraçado e encantador, era capaz de afastar seus amigos do trabalho em um instante. Vendo Jorge na aula, era fácil entender por que ele não estava indo bem na escola. Ele tinha todas as características de um menino bagunceiro que tentaria fazer o mínimo possível nas aulas e também impedir que outros fizessem um bom trabalho.

Observando Jorge durante as últimas semanas da escola de verão, ainda era possível vislumbrar o comportamento do menino bagunceiro que vimos nos primeiros dias. Ele ainda demorava um pouco para iniciar as tarefas, ainda fazia piadas durante as discussões e ainda tentava sussurrar algo para confundir os outros alunos que iam para o quadro. No entanto, ele também estava levando a matemática *extremamente* a sério e, como escreveu em uma das pesquisas, estava se esforçando mais do que *em qualquer outra aula de matemática.* Durante as discussões, ele ouvia seus colegas e às vezes se oferecia para apresentar suas próprias ideias. Com o tempo, ele se apresentava com mais frequência e com menos piadas para desviar a atenção de seu trabalho. Com toda a turma e em grupos, ele falava cada vez mais sobre matemática, em vez de sempre mudar as conversas para o território social com o qual se sentia mais à vontade e no qual ele, um aluno de matemática de baixo desempenho, tinha mais *status.* Em um exemplo particularmente marcante da mudança de Jorge no sentido de levar a matemática mais a sério, ele e dois outros alunos passaram mais de uma hora durante uma aula lidando com a generalização para um padrão difícil. Mantiveram o foco somente no problema durante quase todo esse tempo, chegando até a se mudar para uma área diferente da sala quando duas meninas começaram a trabalhar em um lado da mesa. Jorge não só acompanhou a conversa de seus colegas como também manteve os outros meninos na tarefa, fazendo perguntas quando estava confuso e dando sugestões. Ele ficou profundamente envolvido nessa tarefa por um longo período de tempo, uma reviravolta impressionante se compararmos ao primeiro dia de aula no qual ele parecia fazer todo o possível para evitar um trabalho matemático sério.

Os comentários de Jorge nos diários e nas entrevistas revelam aspectos do ambiente de verão que podem ter contribuído para sua disposição de trabalhar com mais seriedade em aula (e, o que é importante para um garoto tão "legal", ser *visto* trabalhando mais seriamente). Observe-se que Jorge diz que se esforçou mais nas aulas de verão do que em suas aulas normais, embora descreva as aulas de verão como "mais divertidas". Ele explica que deu mais duro na escola de verão porque "em nossa aula [normal] a gente recebe, assim, problemas fáceis e tal. E nesta aula a gente recebe problemas difíceis de resolver. Você tem que descobrir o padrão e tudo mais".

Perguntado sobre que conselho daria aos professores de matemática para ajudá-los a ensinar melhor, ele diz que lhes diria para "passar problemas mais difíceis". Esses comentários sugeriram que ele gostava de ser levado a sério como um aluno de matemática capaz.

Quando Jorge discutiu sobre os problemas difíceis que recebeu nas aulas do curso de verão, ele falou sobre ser capaz de "descobrir" as soluções por conta própria e sobre a necessidade de ter tempo para fazer isso. Ele explicou que gostava de trabalhar em problemas sobre padrões porque "ficamos mais tempo neles... para que possamos realmente saber como fazer blocos de padrões e tentar descobrir o padrão".

Ele também falou sobre o valor de trabalhar em grupos. Outro conselho que disse que daria aos professores era colocar os alunos em grupos, porque "você aprende mais com as ideias de outras pessoas".

Nos dias em que Jorge se envolveu profundamente em matemática, ele estava trabalhando em problemas que podiam ser vistos de muitas maneiras diferentes; e ele estava trabalhando com meninos de alto desempenho que ele respeitava. Jorge deixou nossas aulas com orgulho de seus trabalhos de matemática; mais importante, ele havia experimentado trabalhar com alunos de alto desempenho em problemas difíceis, e isso havia mudado tudo para ele. Sentia-se respeitado e podia oferecer seus próprios pensamentos e suas próprias ideias. Para um estudante que provavelmente tinha sido colocado em turmas atrasadas e recebido tarefas fáceis no passado, a experiência de trabalhar em problemas difíceis e discutir ideias com os outros foi transformadora.

Alonzo, que precisava usar suas ideias[13]

Alonzo era um aluno muito popular, sempre cercado por outros estudantes, antes e depois da aula. Ele poderia ser descrito como o tipo forte e silencioso devido a seu porte alto e atlético marcante e a seu jeito silencioso e atento. Durante os primeiros dias de aula, Alonzo entrava na sala discretamente, puxando a aba do boné para baixo, como se estivesse se escondendo, observando em silêncio as atividades que se desenrolavam à sua frente. Conforme o verão avançou, seu comportamento mudou, e percebemos que a matemática em que ele estava trabalhando permitiu que sua curiosidade e criatividade criassem raízes e florescessem. À medida que teve a oportunidade de usar suas ideias em matemática, começou a se tornar um tipo diferente de aluno em sala de aula.

Como muitos outros alunos que frequentaram a escola de verão, Alonzo tinha recebido nota F em matemática, sendo obrigado a se matricular. Ele descreveu que, em sua turma anterior, a professora falava, e os alunos penavam em cima de folhas de exercícios, e as colaborações em grupo eram extremamente raras. A aprendizagem de matemática nessa turma era, em grande parte, uma experiência repetitiva baseada em folhas de exercícios. Como Alonzo descreveu: "Na aula normal de matemática, nós tínhamos que ir trabalhar. Não podíamos conversar ou não podíamos, assim, [oferecer] 'Ei, posso lhe ajudar?'. Não. Ela apenas nos dava um papel, um lápis e nos colocava para trabalhar". Em conversas informais durante as aulas, Alonzo descreveu sua turma anterior como chata e frustrante.

Uma atividade que despertou a curiosidade e a criatividade de Alonzo foi a das "Escadas". Nessa tarefa, pedia-se aos alunos que determinassem o número total de blocos de uma escada que crescia de 1 bloco de altura para 2 blocos de altura, 3 blocos de altura, e assim por diante, como uma forma de prever uma escada de 10 blocos de altura, uma escada de 100 blocos de altura e, por fim, expressar algebricamente o número total de blocos de qualquer escada. Os alunos recebiam uma caixa cheia de cubos de ligação para construir as escadas, se quisessem.

Uma escada de 4 blocos de altura; número total de blocos = 4 + 3 + 2 + 1 = 10

No meio do tempo previsto para a atividade, Alonzo parecia estar brincando com os cubos encaixáveis, e não trabalhando no problema. Chegando mais perto, vimos que Alonzo decidira modificar sua escada de modo que ela se projetasse em quatro direções. Assim, uma escada de 1 cubo de altura tinha um total de 5 blocos, uma escada de 2 blocos de altura tinha um total de 14 blocos, e assim por diante.

Escada de Alonzo: 5 blocos

5 + 9 = 14 blocos

5 + 9 + 13 = 27 blocos

De longe, tínhamos pensado que Alonzo estava fora da tarefa, mas ele estava usando sua criatividade e curiosidade para criar um problema que fosse gráfica e algebricamente mais difícil do que o que havíamos proposto. Por fim, outros alunos começaram a investigar o que Alonzo tinha feito e, depois de se convencerem de que haviam dominado o problema original, também tentaram resolver o problema da "escada do Alonzo".

O professor da turma de Alonzo ficou tão impressionado com sua maneira inovadora de encarar o problema, com seu crescente interesse em aula e com sua vontade de se esforçar para trabalhar em altos níveis que decidiu telefonar para a casa dele e contar a seus pais sobre suas realizações. Durante esse telefonema, a mãe de Alonzo o descreveu como um engenheiro júnior que criou vários pequenos projetos pela casa – entre eles um sistema de polias mecânicas usando fio dental e uma pilha de moedas de um centavo. Ele usava isso em seu quarto para desligar a luz sem sair da cama. A mãe dele contou que ele se trancara em seu quarto enquanto trabalhava no projeto, saindo apenas para coletar mais materiais. Ao relatar o projeto para sua mãe, Alonzo disse que teve que experimentar pilhas de moedas de diferentes tamanhos até descobrir o peso exato necessário para desligar o interruptor de luz sem arrebentar o fio dental. Apesar de sua criatividade e evidente interesse, ela explicou que não tinha ouvido uma única palavra boa sobre o trabalho matemático de Alonzo desde que ele estava no 3º ano. Sua mãe ficou muito grata pelo telefonema e perguntou se seria possível que mantivéssemos o contato com ela depois do verão para ajudar os professores a encontrar mais oportunidades nas quais Alonzo pudesse explorar a matemática e usar sua criatividade e desenvoltura. Enquanto observávamos Alonzo trabalhando e refletíamos sobre as realizações que sua mãe descreveu, era difícil entender como ele poderia tirar nota F nas aulas de matemática.

Ao longo das cinco semanas, o formato aberto de resolução de problemas e baseado em grupos do programa de verão não só permitiu que Alonzo expressasse sua curiosidade matemática mas também o encorajou a assumir um papel mais visível na sala de aula. Durante uma atividade chamada "Currais de Vacas e Currais de Touros", os alunos tinham que determinar quantos segmentos de cerca eram necessários para conter um número crescente de vacas, dados certos parâmetros de cercamento. No final da atividade, alunos voluntários foram convidados a mostrar suas soluções, e Alonzo foi o primeiro a se apresentar. Ele foi até a frente da sala e cuidadosamente expôs sua estratégia de cercas no projetor, documentando seu trabalho numericamente e, depois, algebricamente.

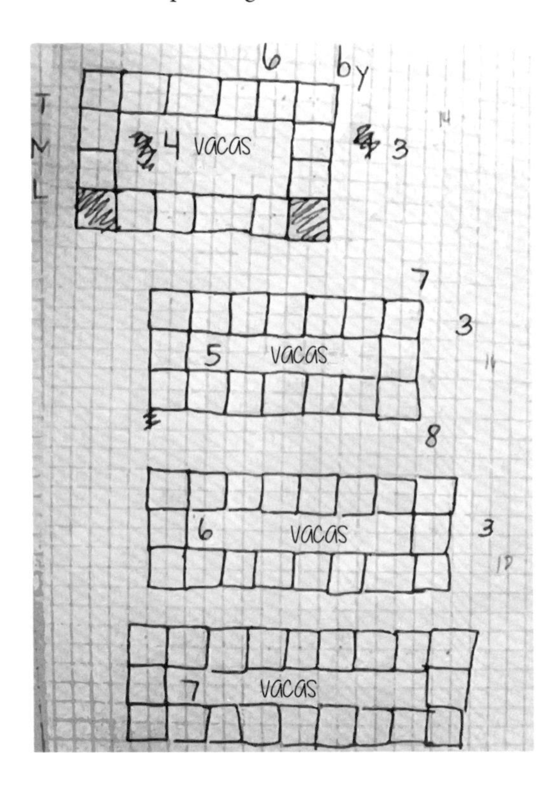

Naquele momento, o jovem que antes se escondia atrás de seu boné de beisebol havia praticamente desaparecido e, em seu lugar, vimos um aluno de matemática mais confiante e disposto a compartilhar suas ideias com toda a classe. Alonzo foi um dos mais bem colocados no teste de álgebra que aplicamos no final do verão, com impressionantes 80% de acertos, cerca de 30 pontos percentuais a mais do que quando fez o teste no ano letivo. Mas quando retornou às suas aulas normais e foi obrigado a trabalhar em pequenas perguntas em silêncio, Alonzo voltou a se retrair e a nota que tirou foi, novamente, F.

Tanya, que precisava de discussão e variedade

Tanya se descreveu como uma pessoa sociável, o que era fácil de entender, pois ela passava a maior parte do tempo nas aulas de matemática conversando com os colegas. Tanya e sua amiga Ixchelle falavam e riam enquanto trabalhavam, muitas vezes sussurrando de maneira conspiratória. Ela não parecia estar ciente de que os professores estavam percebendo o seu comportamento, e eles com frequência pediam que ela fizesse silêncio. A tagarelice de Tanya deve ter preocupado muitos de seus professores. De fato, sua professora de matemática anterior recomendou que ela frequentasse a escola de verão e, entre seus comentários, escreveu: "Tanya tem uma voz que se ouve facilmente". Essa referência não tão sutil à personalidade assertiva de Tanya implicava que sua exuberância precisava ser controlada. Mas a própria perspectiva de Tanya sobre suas necessidades sociais era interessante. Em entrevistas, ela descreveu a si própria como precisando de um ambiente em que os alunos pudessem trabalhar juntos porque, como explicou: "Assim eu sei se estou fazendo errado. Se o meu jeito não é o único, se o meu jeito pode ser facilmente compreendido ou, caso seja um mais difícil, se então eu deveria experimentar algo diferente".

Mas as aulas de matemática anteriores de Tanya não permitiam trabalho colaborativo, como ela descreveu: "No ano passado, a matemática era mais difícil porque você não podia falar, você não deveria se comunicar... [Em outras matérias] eles permitem que você fale... Na aula de matemática, [a professora diz] apenas 'Certo, comece a trabalhar, não fale, fique quieto, shhhhh!'". Tanya passou a descrever a turma e a professora como dominados pelo silêncio: "[É] uma hora inteira de silêncio. Essa é uma boa aula para [a professora]".

Nossas aulas de verão foram muito diferentes e, para Tanya e muitos outros alunos, a colaboração que praticaram em sala de aula foi fundamental para o engajamento deles. Tanya falou eloquentemente sobre as oportunidades oferecidas pelas discussões, e suas razões para valorizá-las não tinham relação com socializar-se ou aproveitar seu tempo, mas com compreender a matemática. Por exemplo: "A gente pode fazer isso de diversas formas... A forma como nossas escolas fizeram no ano normal é, assim, muito preto e branco, e a forma como as pessoas fazem aqui [na escola de verão] é muito colorida, muito brilhante. A gente tem variedades muito diferentes para olhar; você pode olhar de um jeito, virar a cabeça e, de repente, você vê uma imagem totalmente diferente".

Tanya matriculou-se na escola de verão porque não estava se saindo bem nas aulas de matemática. Em nossa turma, ela se saiu muito bem e obteve uma das notas mais altas no teste final de álgebra. Em entrevistas, Tanya relatou que "aprendeu mais em cinco semanas do que em quase um ano". Essa declaração refletia a sua apreciação pelas oportunidades de aprendizagem que recebeu.

Uma das principais características do programa com que Tanya pareceu se beneficiar era a natureza variada das tarefas matemáticas e de que forma elas encorajavam múltiplos métodos e abordagens. Apreciou especialmente as tarefas que incluíam manipulativos (blocos, ladrilhos, cubos encaixáveis); o trabalho com padrões; as atividades com a turma toda reunida, como as Conversas Numéricas, trabalhos em grupo e em pares; e escrever diários e apresentações em sala de aula. Nas entrevistas, ela observou: "Eu gostei de encontrar os padrões e coisas assim, e os grupos... e isso me ajudou muito. As Conversas Numéricas me ajudaram a fazer as coisas mentalmente".

Tanya parecia deleitar-se com a pluralidade de maneiras de que dispunha para se envolver em matemática e descreveu as tarefas como mais desafiadoras, interessantes, acessíveis e divertidas: "Foi muito mais divertido. Não basta apenas ver o problema, é preciso pensar, você tem partes diferentes... você tem que sentir o cheiro, você tem que comer. E depois de terminar a tarefa que lhe foi dada, você precisa ter outra tarefa para pensar, assim, e se fosse diferente e se você fizesse isso com isso, em vez de com aquilo? Isso só abre sua mente e torna o problema mais difícil, uma nova maneira de pensar".

Por meio de entrevistas no verão e no outono, bem como de observações em sala de aula, Tanya revelou como o formato aberto e baseado em grupo da escola de verão permitiu que ela se expressasse socialmente e se desenvolvesse matematicamente. Tanya, como muitos de nossos alunos de verão, queria desesperadamente apreciar a matemática e vivenciá-la em seus próprios termos. Ela era, como ela mesma descreveu, uma "pessoa sociável" que se esforçava para ver cor na matemática, mas se encontrava em situações que eram monótonas e cinzentas. Suas experiências positivas no verão tiveram um impacto sobre ela, e ela se esforçou muito para se envolver com sua turma normal de matemática no outono, recebendo uma nota B muito respeitável, no entanto, no segundo trimestre ela caiu para um D novamente. O baixo desempenho de Tanya, que não se encaixava com seu potencial ou entusiasmo do verão, provavelmente pode ser explicado pela natureza silenciosa e monótona das aulas de matemática na escola, como ela descreveu: "Eu diria... a única maneira de descrever a escola de verão é como muito colorida e, depois, esse [ano letivo normal] ainda é [lamento]... preto e branco. E você só quer perguntar: 'Eu posso usar um pouco de amarelo?'". O pedido de Tanya e de tantos outros alunos – de vivenciar uma matemática que seja variada, interessante e colorida – é eminentemente sensato.

Em nossas aulas de verão, demos aos alunos atividades para trabalhar e estratégias para usar, as quais compartilharei no próximo capítulo. Ensinamos a eles que a matemática é uma matéria com muitos métodos diferentes e que os números podem ser usados de maneira flexível. Encorajamos os alunos a ter confiança em suas próprias habilidades matemáticas, algo que, sem dúvida, contribuiu para a melhoria significativa de seu desempenho nas demais aulas de matemática. Infelizmente, os alunos tiveram que voltar às versões empobrecidas do ensino de matemática, e não pudemos continuar com eles para incentivar seus novos modos de trabalhar e pensar, mas os pais *podem* acompanhar seus filhos e continuar orientando-os nas direções matemáticas corretas. No próximo capítulo, definirei os tipos de atividades e os contextos que darão às crianças a melhor arrancada matemática na vida e que podem encorajar alunos de todas as idades a aproveitar e ter sucesso na matemática.

8

Dando às crianças o melhor começo matemático

Atividades e recomendações aos pais

Biografias de matemáticos que fizeram grandes descobertas e invenções são leituras fascinantes, mas eu sempre me impressiono com o fato de que muitos deles foram inspirados não pelo ensino escolar, mas por problemas ou quebra-cabeças interessantes que ganharam de seus familiares em casa. Eu mesma fui uma dessas pessoas que receberam uma excelente arrancada na matemática porque, quando eu era pequena, minha mãe me deu um quebra-cabeças e formas para brincar. Muitos anos depois, aos 16 anos, também fui inspirada por uma ótima professora de matemática, que pedia a seus alunos que falassem sobre matemática, o que me deu acesso a uma compreensão mais profunda do que eu já conhecia. É importante não subestimar o papel das interações simples em casa e o papel dos quebra-cabeças, jogos e padrões no desenvolvimento matemático e na inspiração dos jovens. Esses problemas e quebra-cabeças podem ser mais importantes do que todas as pequenas questões trabalhadas pelas crianças nas aulas de matemática. Sarah Flannery, a jovem que ganhou o prêmio europeu de Jovem Cientista do Ano quando tinha 16 anos por inventar um algoritmo "de tirar o fôlego", reflete sobre o fato de que, quando criança, ganhava quebra-cabeças para resolver em casa e de como eles foram mais importantes em seu desenvolvimento matemático pessoal do que os anos de ensino de matemática na escola. Quebra-cabeças e contextos matemáticos são a maneira ideal de pais – ou professores – estimularem seus filhos a se interessar por matemática. Este capítulo delineará algumas das maneiras pelas quais esses quebra-cabeças e essas formas de trabalho em matemática fundamentais podem ser apresentados às crianças com grande efeito.

CONTEXTOS MATEMÁTICOS

Contas coloridas de diferentes formas e barbantes

Porcas, parafusos, arruelas e fita adesiva colorida

Cartas do jogo SET

Todas as crianças começam a vida com entusiasmo pela matemática, e os pais podem se tornar um recurso maravilhoso para o encorajamento de suas ideias. Ideias matemáticas que podem parecer óbvias para nós – como o fato de podermos contar um conjunto de objetos, movê-los e depois contá-los novamente e obter o mesmo número – são fascinantes para crianças pequenas. Se você der a crianças de qualquer idade um conjunto de blocos lógicos ou barras Cuisenaire e apenas observá-las, você as verá fazerem todo tipo de coisas matemáticas, como ordenar as barras, construir formas e criar padrões repetitivos. Nessas ocasiões, os pais precisam estar por perto para se maravilhar com seus filhos, incentivá-los a pensar e dar-lhes outros desafios. Uma das melhores coisas que os pais podem fazer para desenvolver o interesse matemático de seus filhos é prover contextos matemáticos e explorar padrões e ideias matemáticas com eles.

Existem muitos livros repletos de ótimos problemas matemáticos para crianças, mas acredito que o melhor tipo de incentivo que pode ser dado em casa não envolve mantê-los sentados e dar-lhes mais atividades matemáticas ou mesmo comprar livros matemáticos. O que precisamos fazer é prover contextos nos quais as ideias e as questões matemáticas das próprias crianças possam surgir e seu pensamento matemático seja validado e encorajado. Felizmente, a matemática é matéria ideal para o fornecimento de contextos interessantes que podem encorajar isso. Um de meus ex-alunos de doutorado em Stanford, Nick Fiori, ministrou várias aulas de matemática nas quais ele fornecia aos alunos diferentes contextos matemáticos – algumas fotografias deles são apresentadas aqui – e incentivava os alunos a propor suas próprias perguntas sobre matemática dentro desses contextos. Alunos de diferentes idades e origens, incluindo aqueles que tinham sofrido experiências muito negativas com matemática no passado, começaram a propor questões importantes. Em alguns casos, essas questões levaram a problemas matemáticos completamente novos e que nunca haviam sido resolvidos. Fiori documentou os diversos métodos matemáticos que os alunos desenvolveram e argumentou muito bem em favor de se encorajar uma semelhante proposição de problemas nas salas de aula, pelo menos em parte do tempo.[1] Concordo com ele, mas também incentivaria os pais a fornecerem tais contextos em casa para crianças de todas as idades.

Dados de diversas cores

Brincar com blocos de construção e de LEGO® nos primeiros anos de infância foi identificada como uma das principais razões para o sucesso em matemática durante toda a escola.[2] Sem dúvida, o fato de que meninos geralmente são mais encorajados a brincar com blocos de construção do que meninas explica por que muitas vezes ocorrem diferenças de desempenho espacial entre meninos e meninas, o que afeta muito o desempenho em matemática. Qualquer tipo de brincadeira com blocos de construção, cubos encaixáveis ou *kits* para montar objetos é fantasticamente útil no desenvolvimento do raciocínio espacial, fundamental para a compreensão matemática.

Cubos encaixáveis de diversas cores

Além de blocos de construção, outros jogos que incentivam a percepção espacial incluem quebra-cabeças, tangrams, cubos de Rubik*

Grade reticulada com pinos coloridos

* N. de R. T. Também conhecido como cubo mágico.

Canudos de diferentes comprimentos com ilhoses e barbante

Recipientes graduados com volumes fracionários simples e uma tigela d'água

Pinhas de diversos formatos e tamanhos

e qualquer outra atividade que envolva mover, encaixar ou girar objetos. Os contextos matemáticos não precisam ser conjuntos de objetos. Eles podem ser simples arranjos de padrões e números do mundo ao nosso redor. Ao caminhar com seu filho, você se deparará com todos os tipos de itens que podem ser matematicamente interessantes, desde números de casas até barras de portões. A mente criativa em ação verá questões matemáticas e temas de discussão em toda parte – sempre existe algo matemático que pode ser colocado em foco, basta nos lembrarmos de que é isso que deveríamos fazer.

Em seu ensaio *The having of wonderful ideas,*[3] a professora de educação em Harvard Eleanor Duckworth realça algo de extrema importância: as experiências de aprendizagem mais valiosas que as crianças podem ter vêm de seus próprios pensamentos e de suas ideias. No ensaio de Duckworth, ela relembra uma entrevista que fez com crianças de 7 anos, na qual lhes pediu que colocassem em ordem 10 canudinhos, cortados em diferentes comprimentos, do menor para o maior. Quando entrou na sala, Kevin anunciou: "Já sei o que vou fazer", antes que Duckworth tivesse explicado a tarefa. Ele então pôs-se a ordenar os canudos por conta própria. Duckworth salienta que Kevin não quis dizer: "Eu sei o que você vai me pedir para fazer". O que ele quis dizer foi: "Eu tenho uma ideia maravilhosa sobre o que fazer com esses canudinhos. Você ficará surpresa com ela". Duckworth conta como Kevin se esforçou para ordenar os canudinhos e diz que depois ele ficou extremamente satisfeito consigo mesmo por ter conseguido. Para Kevin, a experiência de ordenar os canudos valeu muito mais a pena, porque ele estava seguindo sua própria ideia em vez de uma instrução. As pesquisas sobre aprendizagem nos dizem que quando as crianças empenham-se em suas próprias ideias, seu trabalho é enriquecido com complexidade cognitiva e reforçado por uma maior motivação.[4-6] Duckworth propõe que ter ideias maravilhosas é a "essência do desenvolvimento intelectual" e que a melhor maneira de ensinar é prover contextos nos quais as crianças tenham as ideias mais maravilhosas. Todas as crianças começam suas vidas motivadas a propor suas próprias ideias – sobre matemática e outras coisas –, e uma das coisas mais importantes que os pais podem fazer é alimentar essa motivação. Isso pode exigir trabalho extra em uma matéria como a matemática, na qual as crianças são erroneamente levadas a acreditar que todas as ideias já foram apresentadas e que seu trabalho é simplesmente recebê-las,[7, 8] mas isso torna a tarefa ainda mais importante.

QUEBRA-CABEÇAS E PROBLEMAS

Além do fornecimento de contextos interessantes, outra maneira valiosa de incentivar o pensamento matemático é dar às crianças quebra-cabeças interessantes para resolver. Sarah Flannery e David Flannery escreveram um livro fascinante, intitulado *In code: a mathematical journey*,[9] no qual descrevem seu desenvolvimento matemático. É um recurso muito útil para pais que querem proporcionar o melhor começo matemático na vida. Eu não acho que os pais precisem ser o professor de matemática que o pai dela foi para terem sucesso; eles só precisam de entusiasmo. Sarah Flannery fala sobre como seu desenvolvimento matemático foi incentivado pela resolução de quebra-cabeças em casa. Embora ela e seus irmãos preferissem esportes ao ar livre, seu pai lhes dava intrigantes quebra-cabeças para pensar à noite, e eles capturavam suas mentes jovens. Como seu pai era professor de matemática, e ela era muito boa na matéria, as pessoas muitas vezes presumiam que ela recebia ajuda extra em casa, mas ela revela algo muito importante a seus leitores:

> A rigor, não é verdade dizer que eu ou meus irmãos não recebíamos nenhuma ajuda com a matemática. Nós não éramos obrigados a fazer aulas extras ou aguentar lições exaustivas na mesa da cozinha, mas, quase sem que percebêssemos, recebíamos ajuda desde muito cedo – ajuda fora do comum de um tipo sutil e brincalhão, o que eu acho que nos tornou confiantes na resolução de problemas. Desde que me lembro, meu pai nos dava pequenos problemas e quebra-cabeças. Muitas vezes ouvi e ainda ouço: "Papai, nos dê um quebra-cabeça". Os quebra-cabeças nos desafiavam e encorajavam nossa curiosidade e muitos deles tornavam a matemática interessante e tangível. Mais fundamentalmente, eles nos ensinaram a raciocinar e pensar por nós mesmos. Foi assim

que os quebra-cabeças foram muito mais benéficos para mim do que anos de aprendizado de fórmulas e "provas".[10]

Sarah Flannery dá exemplos dos tipos de problemas de matemática que resolveu quando criança e que a levaram a ser tão boa em matemática. Aqui estão três dos meus favoritos:[9]

O problema das duas jarras: Dispondo-se de uma jarra de 5 litros, uma jarra de 3 litros e um suprimento de água ilimitado, como se mede exatamente 4 litros?

O problema do coelho: Um coelho cai em um poço seco de 30 metros de profundidade. Já que ficar no fundo de um poço não era seu plano original, ele decide sair. Quando tenta fazer isso, ele descobre que depois de subir 3 metros (e essa é a parte triste), recua 2. Frustrado, ele para onde está naquele dia e retoma seus esforços na manhã seguinte – com o mesmo resultado. Quantos dias ele vai levar para sair do poço? Nota: Esta pergunta pressupõe que o coelho pula 3 metros e cai 2 metros por dia.

O problema do monge budista: Certa manhã, exatamente ao amanhecer, um monge budista deixa seu templo e começa a escalar uma montanha alta. O caminho estreito, de não mais do que um ou dois pés de largura, serpenteia ao redor da montanha até um templo cintilante em seu topo. O monge percorre a trilha a velocidades variáveis, parando muitas vezes ao longo do percurso para descansar e comer os frutos secos que carrega consigo. Ele chega ao templo pouco antes do pôr do sol. Depois de vários dias de jejum, ele inicia sua jornada de volta descendo pela mesma trilha, partindo ao nascer do sol e novamente andando em velocidades variáveis, com várias pausas pelo caminho, chegando finalmente ao templo de baixo pouco antes do pôr do sol. Prove que há um ponto ao longo do caminho que o monge ocupará em ambas as jornadas exatamente na mesma hora do dia.

Flannery fala sobre como esses enigmas encorajaram sua mente matemática porque a ensinaram a *pensar* e *raciocinar*, dois dos mais importantes atos matemáticos. Quando as crianças trabalham em enigmas como esses, elas precisam compreender situações, usar formas e números para resolver problemas e pensar logicamente, que são maneiras fundamentais de se trabalhar com a matemática. Flannery relata que ela e seus irmãos trabalhavam nos enigmas que seu pai propunha todas as noites durante o jantar. Gosto do som desse ritual, embora eu também o considere difícil de realizar em uma casa agitada no final de um dia cansativo. E os problemas não precisam ser propostos pelos pais para que as crianças os resolvam. Eles podem ser algo em que pais e filhos trabalham juntos, uma vez por semana, uma vez por mês ou mais esporadicamente. Seja um ritual diário ou algo menos frequente, os quebra-cabeças são incrivelmente úteis no desenvolvimento matemático, em especial se as crianças são encorajadas a expressar verbalmente seu pensamento e se há alguém para encorajar seu raciocínio lógico. Se as crianças adquirirem o hábito de aplicar lógica aos problemas e persistirem até resolvê-los, elas aprenderão lições extremamente valiosas, tanto para a própria aprendizagem quanto para a vida.

Alguns livros recomendados com quebra-cabeças matemáticos estão listados no Apêndice C.

FAZENDO PERGUNTAS

Ao explorar ideias matemáticas com jovens, é sempre bom fazer muitas perguntas. As crianças frequentemente gostam de pensar por meio de perguntas e isso irá ajudá-las a desenvolver maneiras matemáticas de pensar. Boas perguntas são aquelas que dão acesso aos pensamentos matemáticos de seus filhos, pois permitem que você apoie o desenvolvimento deles. Quando me chamam para ajudar alunos que não estão avançando nas aulas de matemática, quase sempre começo com "o que você acha que deveria fazer?". Então, se conseguir persuadi-los a oferecer ideias, pergunto: "Por que você acha isso?" ou "Como você conseguiu isso?". Com frequência, crianças que aprenderam da maneira tradicional pensarão que estão fazendo algo errado neste ponto e rapidamente mudarão sua resposta, mas com o tempo meus alunos se acostumam com a ideia de que estou interessada em suas ideias e farei as mesmas perguntas, quer eles estejam certos ou errados. Quando os alunos explicam sua forma de pensar, é possível ajudá-los a avançar de maneira produtiva e, ao mesmo tempo, auxiliá-los a saber que a matemática é uma matéria que faz sentido e que eles podem *raciocinar* para resolver problemas.

Pat Kenschaft escreveu um livro útil para pais, *Math power: how to help your child love math, even if you don't,* no qual ela cita o professor de Swarthmore, Heinrich Brinkmann. Esse professor era conhecido no *campus* da Swarthmore por ser capaz de encontrar alguma coisa certa no que cada aluno dizia. Por mais escandalosa que fosse a contribuição ou a pergunta de um aluno, ele conseguia responder: "Ah, entendi o que você está pensando. Você está olhando como se [...]".[11] Esse é um ato muito importante no ensino de matemática, porque é verdade que, a menos que uma criança tenha dado um "chute no escuro", haverá algum sentido no que ela está pensando – o papel do professor é descobrir o que faz sentido e se basear nisso. Ao ajudar os filhos com matemática em casa, os pais podem praticar o tipo de indagação e orientação cuidadosa que é difícil de ser praticada pelos professores em uma sala de aula com 30 alunos ou mais. Se as crianças derem uma resposta e apenas ouvirem que estão erradas, elas provavelmente ficarão desanimadas, mas se ouvirem que seu pensamento está de certa forma correto e aprenderem de que modo ele pode melhorar, elas ganharão confiança, o que é fundamental para um bom resultado.

As crianças também devem ser encorajadas a fazer perguntas a si próprias e aos outros. Eu trabalho com um professor inspirador, Carlos Cabana, que, quando lhe pedem ajuda, estimula os alunos a fazerem uma pergunta específica sobre a qual todos podem pensar. Quando expressam suas perguntas, os alunos podem ver a matemática com maior clareza e, com frequência, são capazes de respondê-las por si próprios! Outra grande professora com quem trabalho, Cathy Humphreys,[12] sempre diz que nunca faz uma pergunta para a qual sabe a resposta. O que ela quer dizer com isso é que sempre pergunta aos alunos sobre seus métodos e suas razões matemáticas, os quais ela jamais poderia saber de antemão. Essas são as perguntas mais valiosas que qualquer professor de matemática pode fazer, pois dão-lhe acesso às ideias matemáticas dos alunos. Pat Kenschaft coloca bem: "Se você puder explorar os pensamentos reais da pessoa à sua frente, você pode desatar os nós em torno de sua luz matemática interior".[13] A maneira ideal de explorar os pensamentos matemáticos dos alunos e descobrir sua luz matemática interior é fornecer contextos e problemas interessantes, sondar e questionar gentilmente, encorajando seu pensamento e raciocínio.

Quando estiver trabalhando com seu filho em matemática, demonstre o maior entusiasmo possível. Isso é difícil caso você tenha tido experiências matemáticas ruins, mas é muito importante. Os pais, especialmente as mães de meninas, nunca devem dizer: "Eu era uma negação em matemática!". Os resultados de pesquisas revelam que quando as mães dizem a suas filhas que não eram boas em matemática na escola, o desempenho da filha cai imediatamente naquele mesmo período letivo.[14] É importante não compartilhar as próprias experiências negativas, mesmo que isso seja difícil. Na verdade, você pode ter que fingir algum entusiasmo e alguma alegria em relação à matemática. Faço isso com meus próprios filhos. Sou genuinamente apaixonada por matemática, mas grande parte dos deveres de casa que eles trazem não me agrada, especialmente quando são páginas de questões operacionais repetitivas. Mas sempre que minhas filhas dizem que têm lição de matemática, eu digo: "Ótimo! Adoro isso. Vamos dar uma olhada juntas", ou algo parecido, caso elas queiram alguma ajuda ou um segundo olhar. Elas agora costumam guardar seus deveres de matemática para mim porque acreditam que eu realmente adoro isso. Se você não sabe matemática, não se preocupe. Peça aos seus filhos que lhe expliquem. Essa é uma ótima experiência para as crianças. Costumo dizer aos meus filhos pequenos que não entendo só para dar-lhes a oportunidade de me explicar, e eles gostam muito de fazer isso. Pense no nascimento de seus filhos como a oportunidade perfeita para começar tudo de novo na matemática, sem as pessoas que o aterrorizaram no passado. Conheço várias pessoas que foram traumatizadas pela matemática na escola, mas quando começaram a aprendê-la de novo quando adultas acharam a matéria agradável e acessível. Os pais de crianças pequenas podem fazer da matemática um projeto para adultos, aprendendo com seus filhos ou talvez estando um passo à frente deles a cada ano. Ministro cursos *on-line* (disponíveis no *site* www.youcubed.org) que levam aos pais muitas informações úteis para o trabalho com seus filhos.

As conversas matemáticas devem ser relaxadas e livres de pressão. Medo e pressão impedem a aprendizagem, e as crianças devem sempre se sentir confortáveis ao oferecerem suas ideias em matemática. Pais e professores nunca devem parecer irritados ou críticos se as crianças cometem erros. A matemática, mais do que qualquer outra matéria, pode causar pânico, o que impede a mente de funcionar.[15] Costumo iniciar qualquer atividade com crianças dizendo que adoro erros porque eles são muito bons para aprender. Digo isso porque é com os erros que as crianças aprendem mais, pois os erros proporcionam a chance de considerar, revisar e aprender coisas novas. Quando estou trabalhando com crianças e elas dizem algo incorreto, considero o pensamento delas junto com elas e vejo isso como uma oportunidade importante para aprender. Quando os alunos sabem que não estão sendo julgados com rigor e que eu realmente valorizo os erros, eles são capazes de pensar de maneira mais produtiva e aprender mais.

FLEXIBILIDADE NUMÉRICA

Uma missão importante para todos os pais e professores é afastar as crianças da escada matemática de regras, discutida no capítulo anterior. O estudo de Gray e Tall[16] mostrou que os estudantes bem-sucedidos foram os que usavam números de maneira flexível, decompondo e recompondo-os. Isso não é difícil de fazer, mas envolve as crianças saberem que é isso que elas *deveriam* estar fazendo. Felizmente, há maneiras específicas e agradáveis de incentivar essa flexibilidade numérica que podem ser usadas com crianças de todas as idades. Um dos melhores métodos que conheço para incentivar a flexibilidade numérica é o das *Conversas Numéricas*, atividades que introduzi no capítulo anterior. O objetivo das Conversas Numéricas é permitir que as crianças pensem em todas as maneiras diferentes pelas quais os números podem ser calculados, decompondo-os e recompondo-os enquanto trabalham. Por exemplo, você poderia pedir a uma criança para calcular 17×5 de cabeça sem o uso de caneta e papel. Esse problema parece difícil, mas se torna muito mais fácil quando os números são usados de forma flexível. Assim, por exemplo, com 17 × 5, eu poderia resolver 15 × 5. Posso fazer esse cálculo de cabeça com mais facilidade, pois 10 × 5 é 50 e 5 × 5 é 25, o que dá 75. Então eu preciso lembrar de adicionar 10, pois eu só calculei 15 × 5 e preciso de mais dois cincos. Assim chego a minha resposta de 85. Outra maneira de resolver o problema não é calcular 17 × 5, mas calcular 17 × 10, que é 170, e depois dividir o resultado pela metade. Metade de 100 é 50 e a metade de 70 é 35, chegando então a 85. À medida que trabalham em problemas como esses, as pessoas desenvolvem o senso numérico, que é a base para toda a matemática superior. Elas também desenvolvem suas habilidades matemáticas mentais. O problema que eu proporia às crianças ao trabalhar com Conversas Numéricas é encontrar o maior número possível de maneiras de chegar às respostas. A maioria das crianças achará isso desafiador e divertido.

Uma das grandes vantagens dos problemas de Conversas Numéricas é que eles podem ser propostos em todos os níveis de dificuldade, e há uma infinita gama de possibilidades, podendo, portanto, ser divertido para crianças e adultos de todas as idades. Eis alguns problemas de diferentes níveis de dificuldade que podem ser usados para iniciar:

Adição/Subtração	Multiplicação
25 + 35	21 × 3
17 + 55	14 × 5
23 − 15	13 × 5
48 − 17	14 × 15
56 − 19	17 × 15

Algumas boas perguntas de estímulo que podem ser usadas durante o trabalho são:

- Como você pensou sobre o problema?
- Qual foi o primeiro passo?
- O que você fez depois?
- Por que você fez dessa maneira?
- Você consegue imaginar uma maneira diferente de resolver o problema?

- Como as duas maneiras se relacionam?
- Como você poderia modificar o problema para torná-lo mais fácil ou mais simples?

As Conversas Numéricas são uma excelente maneira de ensinar as crianças, de qualquer idade, a decompor e recompor números, o que é extremamente valioso em seu desenvolvimento matemático. Mas há outros grandes problemas que exigem que elas pensem de maneira criativa e usem números com flexibilidade. Eis uma pequena seleção:

OS 4 QUATROS

Tente obter todos os números entre 0 e 20 usando apenas 4 quatros e qualquer operação matemática (como multiplicação, divisão, adição, subtração, elevar a uma potência ou extração da raiz quadrada), sempre utilizando todos os 4 quatros. Por exemplo:

$$5 = \sqrt{4} + \sqrt{4} + \frac{4}{4}$$

Quantos dos números entre 0 e 20 podem ser encontrados?

CORRIDA AO 20

Jogo para duas pessoas.

Regras:

1. Comece no 0.
2. O primeiro jogador soma 1 ou 2 a 0.
3. O segundo jogador soma 1 ou 2 ao número anterior.
4. Os jogadores continuam se revezando na soma de 1 ou 2.
5. Quem chega a 20 é o vencedor.

Veja se você consegue descobrir uma estratégia vencedora.

CUBOS PINTADOS

Um cubo de $3 \times 3 \times 3$

é pintado de vermelho por fora. Se for dividido em cubos de $1 \times 1 \times 1$, quantos desses cubos pequenos cubos terão três faces pintadas? Duas faces pintadas? Uma face pintada? Nenhuma face pintada? E se você partir de um cubo original maior?

FEIJÃO E TIGELA

Quantas maneiras existem de organizar 10 feijões entre 3 tigelas? Experimente com um número diferente de feijões.

PARTIÇÕES

Você pode usar barras Cuisenaire como auxílio neste problema. O número 3 pode ser dividido em números inteiros de quatro maneiras diferentes:

$1 + 1 + 1$

$1 + 2$

$2 + 1$

3

Ou talvez você prefira considerar que $1 + 2$ e $2 + 1$ são a mesma coisa, então existem apenas três maneiras de dividir o número.

Decida qual você gosta mais e investigue partições para diferentes números usando suas regras.

Neste capítulo, delineei algumas maneiras de estimular o pensamento matemático em casa ou em sala de aula por meio de contextos matemáticos, quebra-cabeças e estratégias. No Apêndice C há uma lista com diversos recursos e *sites* que podem ajudá-lo nas atividades com seus filhos. No próximo capítulo, resumirei alguns conselhos importantes para professores, pais e qualquer pessoa que trabalhe com alunos de matemática e que queira orientá-los para o caminho de aprendizagem de matemática mais produtivo possível.

9

Mudando para um futuro mais positivo

Estes são tempos emocionantes, caracterizados por novas evidências do vasto potencial de todas as crianças para aprender em níveis elevados, acesso generalizado ao conhecimento, novas tecnologias incríveis e um movimento crescente de positividade em torno da aprendizagem. Há uma crescente conscientização pública de que o sistema tradicional de educação matemática, mantido há décadas, está falido, e pessoas de todo espectro social estão dedicando seu tempo e sua imaginação para fazer mudanças. Nos últimos anos, tive a sorte de comunicar isso a líderes de diversos países, bem como a professores, líderes distritais, pais, CEOs e o público em geral por meio de programas em grandes redes de televisão. Também trabalhei com uma cineasta que dedicou seu novo filme à necessidade de mudança na matemática. É um filme emocionante e convincente, que você pode assistir em www.youcubed.org. Em minha experiência, descobri que todas as pessoas a quem mostrei as evidências de pesquisas e demonstrei a natureza do verdadeiro engajamento matemático (geralmente por meio de vídeos) reconheceram a necessidade de mudança e, em muitos casos, uniram forças para realizá-las.

Há muitas décadas, pesquisadores do ensino e da aprendizagem de matemática aderiram coletiva e resolutamente à promoção de uma mudança. Há muito pouca variação nas dezenas de milhares de estudos realizados, quase todos apontando para a necessidade de um engajamento ativo em matemática.[1] Além dos pesquisadores, os responsáveis pela formação continuada de professores e pelos distritos escolares que tiveram acesso ao conhecimento originado nas pesquisas têm tentado efetuar as mudanças que eu expus neste livro, a despeito dos esforços do movimento contra a mudança. Mas os últimos sete anos me mostraram que os que se opõem à mudança são uma pequena minoria politicamente motivada, muitos dos quais opondo-se a um ideal que é fundamental para o mundo – o da igualdade.

Estamos em um momento no qual a igualdade é uma prioridade mundial; um momento com ampla conscientização dos danos causados por treinamentos matemáticos insensatos; um momento em que os especialistas em educação estão sendo reconhecidos e recebendo uma plataforma. Quando Cathy Williams e eu formamos o YouCubed, descrevemos a mudança matemática que estamos promovendo como uma revolução. Acredito que estamos no meio de uma revolução incrível, liderada por pesquisas, que mostram que todos os alunos podem alcançar altos níveis em matemática, e pela natureza do ensino e do apoio dos pais que promovem essa mudança.

Recentemente, publiquei alguns conselhos no YouCubed, que compartilharei aqui porque acredito que são importantes para pais e professores. Pais e professores têm a oportunidade de moldar o futuro matemático de seus filhos. Às vezes pode não parecer que seja assim, especialmente quando as crianças estão passando por experiências ruins na escola ou os professores estão sendo pressionados por políticas falhas, como a imposição de sequências de aulas com ritmo predeterminado e currículo prescritivo. Mas eu sei, tanto a partir do meu extenso trabalho com professores quanto da minha experiência como mãe de dois filhos, que você tem a oportunidade de fazer uma enorme diferença na vida matemática das crianças.

Uma das contribuições mais importantes que você pode fazer é contestar a ideia de que apenas algumas crianças podem ter sucesso em matemática ou que a matemática é um "dom" que algumas têm e outras não. Essa ideia permeia a sociedade norte-americana (assim como outras), mas foi completamente desmentida pela neurociência e pela ciência da aprendizagem. A ideia de que algumas crianças podem se sair bem em matemática e outras não é um mito pernicioso que prejudica o desenvolvimento matemático. Todos os alunos podem alcançar os mais altos níveis de matemática na escola se tiverem as oportunidades e o apoio corretos.

ESTRATÉGIAS SUGERIDAS

1. Nunca elogie as crianças dizendo-lhes que são espertas. Elogiar pode parecer encorajador, mas é uma mensagem de habilidade fixa que é prejudicial.[2] Quando são informadas de que são inteligentes, as crianças muitas vezes se sentem bem, mas depois, quando falham em alguma situação – e todo mundo falha –, pensam: "Hum, não sou tão inteligente". Em vez de elogiar a criança, sempre elogie *o que* ela fez, por exemplo: "Que ótimo que você aprendeu a somar números", e não "Puxa, você sabe somar números, você é tão inteligente".

Quando as crianças sabem que a aprendizagem e o esforço as fazem alcançar os níveis mais altos, seu desempenho aumenta significativamente.[3] Essa ideia pode ser difícil de transmitir às crianças, porque a mídia tradicional, como os programas de televisão, comunica a mensagem oposta – de que algumas crianças são inteligentes e outras não. Eles também comunicam muitas outras ideias prejudiciais – que matemática é difícil, inacessível e apenas para *nerds*. É fundamental rejeitar essas ideias com a maior frequência e intensidade possíveis. Em vez disso, continue dizendo às crianças que a matemática é muito emocionante e que é importante se esforçar, porque é o esforço que leva ao alto desempenho.

2. Nunca relate histórias de fracasso ou mesmo de aversão à matemática. Como eu disse no Capítulo 8, as pesquisas mostram que assim que uma mãe diz à filha: "Eu não era boa em matemática na escola", o desempenho da filha diminui.[4]

Mesmo que você tenha que lançar mão de suas melhores habilidades de atuação, sempre pareça feliz – até mesmo emocionado – quando vir matemática! Não se preocupe se você não souber fazer o dever de casa de seus filhos. Peça-lhes que o expliquem a você. Essa pode ser uma das experiências mais encorajadoras que os pais podem dar a seus filhos. Costumo dizer aos meus filhos que não sei fazer a tarefa que eles estão fazendo, mesmo que eu saiba, porque, quando me explicam, eles estão aprendendo em um nível muito mais profundo.[5]

3. Sempre elogie os erros e diga que você está muito satisfeito que seu filho esteja cometendo erros. Pesquisas recentes mostram que nosso cérebro cresce quando cometemos erros.[6] Os cientistas descobriram que quando as pessoas cometem erros de matemática, as sinapses se ativam e ocorre atividade cerebral que não está presente quando acertam. Isso significa que queremos que as pessoas cometam erros! Na verdade, cometer erros em matemática é uma das coisas mais úteis a fazer. Mas muitas crianças (e adultos) odeiam cometer erros, por acharem que isso significa que elas não são uma "pessoa de matemática". É importante tanto celebrar os erros quanto dizer às crianças que seu cérebro está crescendo quando elas os cometem.[7]

Quando jovem, minha filha mais velha passou por algumas experiências escolares terríveis quando os professores decidiram que ela não era inteligente e pararam de lhe passar as mesmas perguntas que passavam para as outras crianças. Consequentemente, ela desenvolveu uma mentalidade fixa sobre matemática e ficou muito ansiosa a respeito da matéria por alguns anos. Hoje, depois de um trabalho minucioso, ela é uma grande defensora da matemática e tem uma mentalidade de crescimento em relação à matéria.

Quando ela tinha 10 anos, lembro-me de vê-la resolvendo dois problemas de matemática, um deles ela acertou e o outro errou. Quando errou, ela imediatamente reagiu mal, colocando a cabeça entre as mãos e dizendo: "Eu não sei matemática". Eu disse a ela: "Você sabe o que acabou de acontecer? Quando você acertou uma das questões, nada aconteceu em seu cérebro, mas quando você errou a outra, seu cérebro cresceu". Eu passo essa mensagem para os meus filhos toda vez que eles estão confusos, com dificuldades ou cometem um erro. Agora eles dizem aos outros colegas na escola como erros são valiosos e como eles fazem nosso cérebro crescer.

4. Incentive as crianças a trabalharem em problemas desafiadores. Sabemos que é muito importante que os alunos assumam riscos, se engajem em "esforço produtivo" e cometam erros. Às vezes minha filha pede ajuda quando o dever de casa parece difícil. Eu tento incentivá-la a primeiro tentar sem a minha ajuda, dizendo: "Eu não quero tirar sua oportunidade de lutar e de seu cérebro crescer!". Continue dizendo a seus filhos ou alunos que ter dificuldades é muito importante. Esse é um equilíbrio delicado, pois você não quer deixar os alunos com tantas dificuldades a ponto de se sentirem desanimados, mas sempre tente encorajar o máximo de esforço que você acha que eles podem aguentar naquele momento.

As meninas, em especial, muitas vezes aprendem a evitar tarefas difíceis porque têm mentalidades mais fixas do que os meninos – geralmente porque foram elogiadas por serem inteligentes, o que as deixa preocupadas com a possibilidade de perder esse rótulo.[8] A evitação de tarefas difíceis é prejudicial às crianças, sendo essa uma das razões pelas quais menos meninas seguem cursos de matemática e ciências.[9]

Em um dos estudos de Carol Dweck, todos os participantes receberam problemas de matemática que resolveram corretamente. Metade dos participantes foi elogiada por ser "inteligente" e metade por "se esforçar muito". Quando lhes ofereceram a escolha de um outro problema fácil ou difícil, 90% dos participantes elogiados por serem inteligentes escolheram o problema fácil, ao passo que a maioria dos participantes que foi elogiada por se esforçar escolheu o problema mais difícil.[10]

Isso nos diz que o elogio que fazemos às crianças tem um efeito imediato sobre elas. Também nos dá algumas pistas importantes sobre as desigualdades de gênero nas taxas de participação em matemática.

5. Ao ajudar os alunos, não os conduza pelo trabalho a cada passo, pois isso tira importantes oportunidades de aprendizagem para eles. Muitas vezes ajudamos as crianças resolvendo a parte difícil de um problema, como descobrir o que o problema está perguntando, e depois pedindo que elas façam algo mais fácil, como um cálculo. Por exemplo, considere esta situação:

> **Pergunta**
> Carlos começou com 12 doces. Ele deu alguns para Janice e ficou com 8 doces. Quantos doces ele deu para Janice?

Criança: Eu não sei como fazer isso.
Pai/Professor: Bem, Carlos começou com 12 e agora tem 8, então quanto é 12 menos 8?
Criança: 4.
Pai/Professor: Isso mesmo!

Nesse cenário, o aluno pode se sentir bem, mas o pai ou o professor fez a parte mais difícil do problema, que é dar sentido à situação. Seria mais proveitoso pedir à criança que desenhasse o problema, incluindo, se desejasse, fotos dos doces. Ou peça à criança que recoloque o problema com suas próprias palavras ou manipule objetos que representam os doces. Tente não reduzir a demanda cognitiva de um problema ao ajudar. Tente não fazer o raciocínio difícil pela criança, deixando-a com um cálculo. Isso, em última análise, não ajuda em nada o aprendizado de matemática dela.

6. Encoraje a prática de desenhar sempre que puder. Toda a matemática poderia ser ensinada visualmente, o que ajudaria milhões de crianças, mas poucas salas de aula estimulam o desenho, e alguns alunos acreditam que desenhar seja algo infantil. No entanto, matemáticos desenham o tempo todo. Eles fazem isso porque esboçar um problema os ajuda a *ver* realmente as ideias matemáticas importantes. Tanto o desenho quanto a reformulação de problemas ajudam as crianças a entender o que os problemas estão perguntando e como a matemática se encaixa dentro deles.

7. Incentive os alunos a compreender a lógica da matemática com a qual trabalham em todos os momentos. *Connecting mathematical ideas* é um livro que publiquei em coautoria com Cathy Humphreys, uma professora especialista que se concentra na compreensão dos estudantes em todos os momentos. No livro, compartilhamos seis casos em vídeo que mostram a didática de Cathy, bem como seus planos de aula e nossas reflexões conjuntas sobre as aulas.[11]

As crianças nunca devem pensar que a matemática é um conjunto de regras que precisam seguir – embora muitas vezes tenham boas razões para pensar isso! Enquanto elas estudam matemática, faça perguntas: "Isso faz sentido para você? Por quê?" ou "Por que não?". Desencoraje a adivinhação. Se as crianças parecerem estar adivinhando, diga: "Isso é um palpite? Porque isso é algo que podemos compreender e não precisamos adivinhar". A matemática é uma matéria conceitual, e os alunos devem pensar conceitualmente a todo momento.[7]

Eis algumas perguntas que você pode fazer às crianças para ajudá-las a pensar conceitualmente:

- O que a questão está lhe perguntando?
- Como você poderia desenhar essa situação?
- Como você obteve a resposta? (Pergunte isso quer a resposta esteja certa ou errada.)
- Você pode me mostrar seu método?
- Você pode tentar uma maneira diferente de resolver isso?
- O que significa adição/probabilidade/razão/etc.?
- Em que outra situação poderíamos usar isso?
- Esse método funcionaria com outros números?
- O que é importante sobre este trabalho?

8. Incentive os alunos a pensar de forma flexível sobre os números. As pesquisas mostram que a maior diferença entre alunos do ensino fundamental bem-sucedidos e malsucedidos não é que os de bom desempenho sabem mais, e sim que pensam flexivelmente com os números.[12] É fundamental que as crianças desenvolvam o senso numérico, o que significa pensar de maneira flexível com números e saber mudá-los e reagrupá-los. Por exemplo, um aluno com senso numérico confrontado com um problema como 41 menos 17 não usaria um algoritmo como:

$$\begin{array}{r} \overset{3}{\cancel{4}}{}^{1}1 \\ -17 \\ \hline 24 \end{array}$$

Tampouco eles contariam para cima a partir de 17 ou para baixo a partir de 41. Eles mudariam os números para, por exemplo, 40 menos 16, que é um cálculo muito mais fácil.

Com frequência, quando os alunos têm dificuldade com matemática no início, eles recebem mais prática com métodos, tabuada ou habilidades. Isso não é o que eles precisam. Eles precisam de uma compreensão mais conceitual da matemática; precisam desenvolver o senso numérico.

Muitos estudantes nos Estados Unidos são reprovados em álgebra. Isso não acontece porque a álgebra é muito difícil, mas porque os alunos carecem de senso numérico, que é a base fundamental mais importante que se pode ter para toda a matemática superior.[13]

9. Nunca cronometre as atividades das crianças nem as incentive a trabalhar mais rápido. Não use *flashcards* ou testes cronometrados.[14-16] Os cientistas atualmente podem analisar imagens do cérebro enquanto as pessoas trabalham em matemática, e elas mostram que condições cronometradas criam ansiedade mental. Fatos matemáticos são mantidos na área da memória operacional do cérebro e constatou-se que, quando as pessoas estão estressadas – adultos ou crianças –, sua memória operacional fica bloqueada, e os fatos matemáticos não podem ser acessados. A ênfase na rapidez nas salas de aula de matemática dos Estados Unidos é uma das razões pelas quais temos reprovação generalizada e uma nação de pessoas traumatizadas pela matéria.

10. Quando as crianças responderem às perguntas e errarem, tente encontrar a lógica de suas respostas – pois elas costumam usar algum raciocínio lógico. Por exemplo, se o seu filho multiplica 3 por 4 e chega a 7, não diga: "Está errado". Em vez disso, diga: "Ah, entendi o que você está pensando. Você está usando o que sabe sobre adição para somar 3 e 4. Quando multiplicamos, temos 4 grupos de 3...".

11. Dê às crianças quebra-cabeças de matemática. Eles inspiram as crianças matematicamente e são ótimos para o desenvolvimento matemático delas. A premiada matemática Sarah Flannery relatou que sua habilidade e seu entusiasmo pela matemática não vieram da escola, mas de quebra-cabeças que lhe deram para resolver.[17]

12. Use jogos, que são igualmente úteis para o desenvolvimento matemático de crianças. Para crianças pequenas, qualquer jogo com dados ajudará. Alguns jogos de tabuleiro que eu particularmente gosto são:

- Place Value Safari
- Blokus
- Cara a cara (ótimo para raciocínio lógico)
- Mancala
- Yahtzee
- Senha

Mais jogos e quebra-cabeças estão disponíveis no *site* do YouCubed (www.youcubed.org).

Além desses 12 conselhos, que sintetizam muitas ideias do livro, quero acrescentar uma mensagem especial aos professores. Os professores têm o futuro matemático dos alunos em suas mãos, e nunca devem subestimar o poder de suas palavras e ações para inspirar ou derrotar os alunos. Quase qualquer pessoa bem-sucedida lhe contará sobre algum professor, geralmente uma pessoa em especial, que acreditou nela e mudou tudo para ela. Você pode ser esse professor para todos os seus alunos.

Conversei e recebi comprovações de milhares de professores desde que comecei a compartilhar evidências e mensagens neste livro e sei que você pode implementar as mudanças que descrevi e que elas podem transformar tudo para seus alunos. Os professores podem criar belos ambientes de matemática para os alunos, independentemente de suas experiências passadas ou das decisões negativas que lhes são impostas. Conheço professores que recebem programas de matemática repetitivos e áridos para seguir, mas fazem o programa ganhar vida com as mudanças que efetuam. Qualquer problema de matemática pode ganhar nova vida quando se torna aberto, mais visual e criativo e é infundido com o pensamento dos próprios alunos. Você pode fazer essas adaptações nos problemas, eliminar repetições desnecessárias e convidar os alunos a se aprofundarem em jornadas matemáticas com você. Eu sou a maior defensora dos professores e tenho plena consciência de minha própria experiência docente, do quão exigente e demorado é o bom ensino. Quero que os professores disponham de tarefas ricas – e estamos colocando o máximo possível no YouCubed –, mas também acredito na capacidade dos professores de escolher qualquer tarefa e dar-lhe vida, combinando isso com mensagens positivas sobre o potencial dos estudantes.

Além de postar tarefas e recursos no YouCubed, regularmente público artigos curtos e de fácil leitura – que resumem as evidências das pesquisas que temos sobre como a matemática deve ser ensinada – que você pode transmitir a administradores e pais que não entendem a necessidade de mudança ou que querem aprender mais. Você é um especialista em desenvolvimento e aprendizagem matemática de crianças e precisa usar seus conhecimentos e estar preparado para, às vezes, ser forte para ajudar os outros a conhecerem os melhores caminhos matemáticos que nossos filhos podem seguir.

CONCLUINDO

A matemática é uma matéria envolvente, criativa e acessível que permite às pessoas assumirem suas identidades mais poderosas, interagindo com o ambiente de maneira reflexiva e informada. Quer você seja pai/mãe, professor ou outro líder educacional, você pode mudar a vida das crianças na matemática para melhor com o conhecimento que temos sobre o cérebro e sobre os ambientes de ensino e de aprendizagem efetivos. Juntos somos mais fortes para fazer as mudanças que precisamos e não devemos renunciar a essa missão pois todas as crianças merecem o melhor futuro matemático possível. A matemática desempenhará um papel central na vida de todas as crianças e, juntos, podemos apoiá-las para que sejam capazes de aplicar um pensamento poderoso, quantitativo e criativo aos problemas que encontram em seu trabalho e em sua vida. Juntos podemos inspirar as crianças que, por sua vez, continuarão a criar um futuro melhor para seus filhos, repleto de descobertas científicas, criativas e tecnológicas que a matemática possibilita. Juntos, vamos mudar o trauma e a antipatia pela matemática, que impregnaram a nossa sociedade nos últimos anos, para um futuro matemático mais brilhante para todos, carregado de emoção, engajamento e aprendizagem.

Viva la revolución.

Apêndice A

Soluções para os problemas matemáticos

INTRODUÇÃO

O problema do *skate*

Um *skatista* se segura a um carrossel como representado a seguir. A plataforma do carrossel tem um raio de 7 metros e faz uma volta completa a cada 6 segundos. O *skatista* se solta na posição equivalente ao que seria a marcação da posição "2 horas" em um relógio, como mostrado na figura, quando se encontra a 30 metros da parede acolchoada. Quanto tempo levará para que o *skatista* bata na parede?

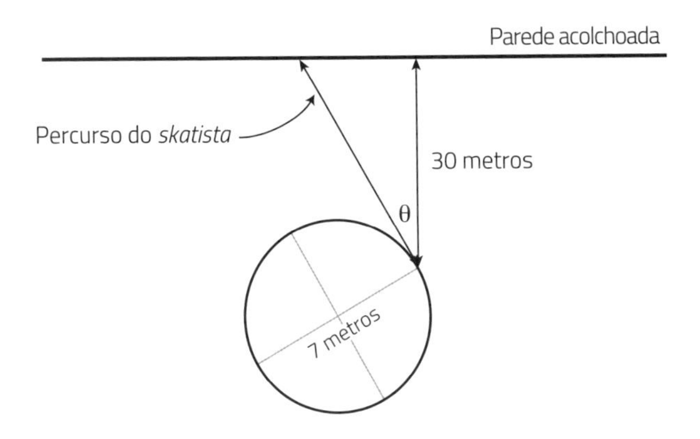

Uma solução

O primeiro passo é descobrir que distância o *skatista* percorre depois de se soltar. Em outras palavras, precisamos descobrir a distância AB no desenho a seguir.

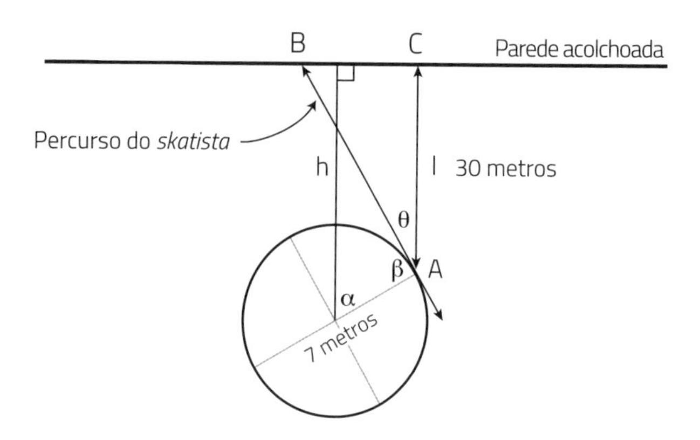

Para isso, primeiro precisamos descobrir qual é o ângulo θ para que possamos usar as propriedades dos triângulos retângulos. Para fazer isso, trace a linha *h* que passa pelo centro do carrossel e encontra a parede acolchoada em um ângulo reto. Como o *skatista* está na posição de "2 horas", que é 1/6 do percurso ao redor de um relógio, o ângulo α é 1/6 de 360°. Então $\alpha = 60°$. O ângulo $\beta = 90°$, uma vez que uma linha tangente de um círculo sempre encontra o raio em um ângulo reto. Finalmente, $\alpha + \beta + \theta = 180$, uma vez que são ângulos alternos internos entre as linhas paralelas *h* e *l*. Portanto $\theta = 30°$. Isso significa que o triângulo ABC é um triângulo de 30-60-90! Usando as relações trigonométricas dos triângulos 30-60-90, encontramos:

$$BC = \frac{30}{\sqrt{3}} = 10\sqrt{3} \text{ metros}$$

e

$$AB = 20\sqrt{3} \text{ metros}$$

Agora sabemos a distância que o *skatista* percorre. O próximo passo é descobrir a velocidade em que ele está andando. O carrossel faz uma volta completa a cada 6 segundos. Em uma volta completa, o *skatista* percorre toda a circunferência, que é

$$C = 2\pi(7) \approx 43{,}98 \text{ metros}$$

Assim, o *skatista* está andando a 43,98/ 6 ≈ 7,330 metros por segundo.
Uma vez que

$$(\text{distância}) = (\text{velocidade})\,(\text{tempo})$$

então

$$(\text{tempo}) = (\text{distância}) / (\text{velocidade})$$

Assim, o tempo que o *skatista* leva para alcançar a parede é

$$\frac{20\sqrt{3}}{7{,}330} \approx 4{,}726 \text{ segundos}$$

O problema do tabuleiro de xadrez

Solução

O que torna este problema difícil é o conjunto de todos os diferentes tamanhos de quadrados em um tabuleiro de xadrez, desde os quadrados menores de 1 × 1, os quadrados superpostos de 2 × 2, e assim por diante, até o tabuleiro de xadrez inteiro, que é em si um quadrado de 8 × 8.

Em situações como essa, geralmente é útil ser organizado. Uma maneira de organizar o problema é contar todos os tamanhos diferentes de quadrados separadamente. Então, vamos começar com os quadrados de 1 × 1. Existem 8 linhas e 8 colunas no tabuleiro, então existem 64 deles. Depois vamos considerar os quadrados de 2 × 2. Estes são mais difíceis, pois podem se sobrepor, como acontece com os dois quadrados cinzentos a seguir:

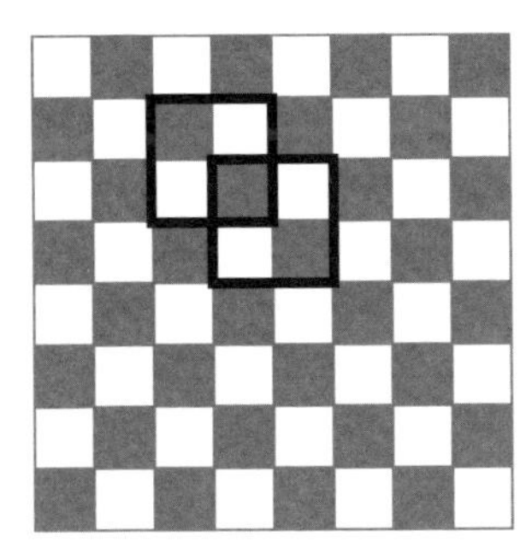

Até mesmo quadrados sobrepostos têm pontos centrais distintos, e, assim, uma maneira fácil de identificar os quadrados sobrepostos é marcar o centro de cada quadrado com um ponto. A seguir alguns exemplos de quadrados com seus pontos centrais marcados:

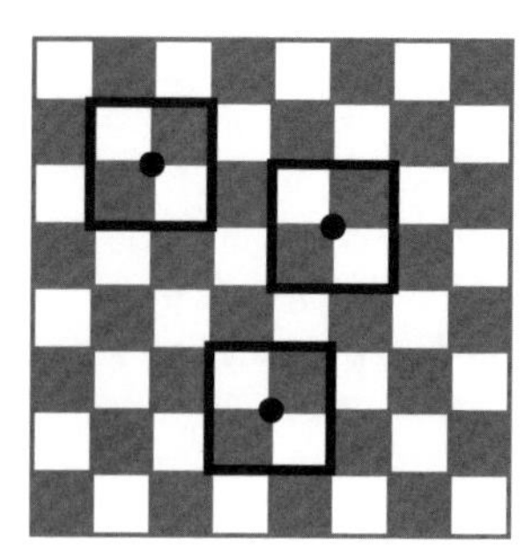

Marcando todos os pontos centrais dos quadrados de 2×2, obtemos uma grade de pontos centrais:

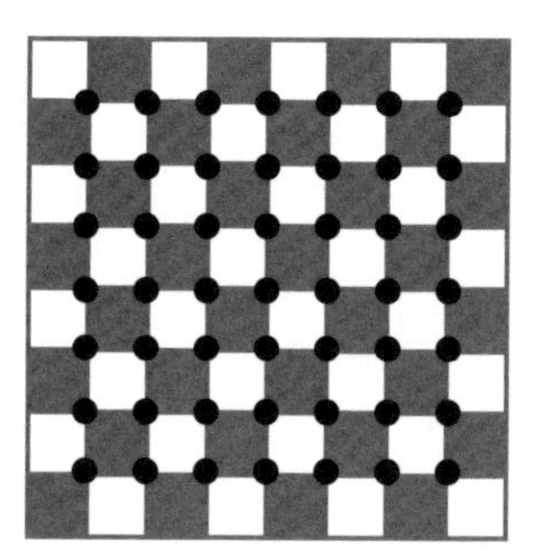

Observe que esta é uma grade de 7×7 pontos. Então, há 49 quadrados de 2×2.

Para identificar os quadrados de 3×3, também podemos marcar os pontos centrais, como nos exemplos a seguir:

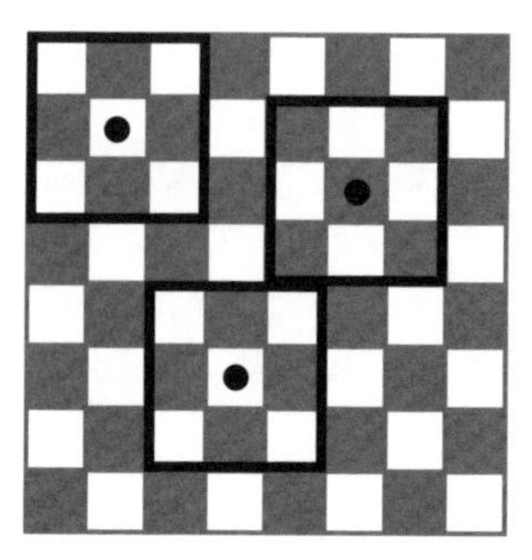

Quando desenhamos todos os pontos centrais para os quadrados de 3 × 3, obtemos uma imagem semelhante a esta:

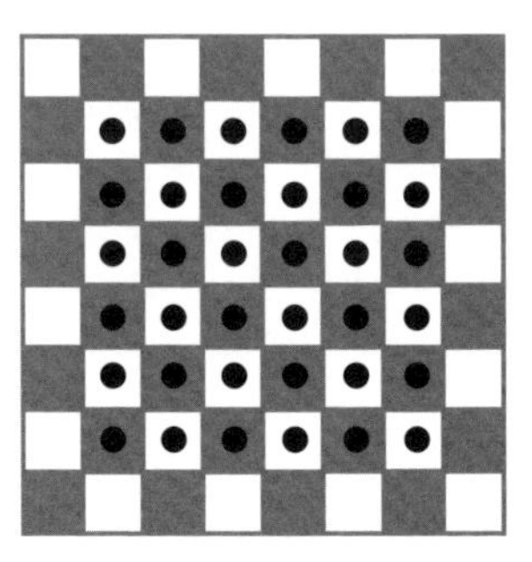

Esta é uma grade de 6 × 6 pontos, então existem 36 quadrados de 3 × 3. Continue este processo até ter contado os quadrados de 4 × 4, de 5 × 5, e assim por diante. O número total de quadrados, então, é

$$8^2 + 7^2 + 6^2 + 5^2 + 4^2 + 3^2 + 2^2 + 1 = 204$$

Esse processo de contagem funciona para qualquer tamanho de tabuleiro de xadrez. Em geral, para um tabuleiro de xadrez n por n, o número de quadrados de 1 × 1 é n^2. O número de quadrados de 2 × 2 é $(n - 1)^2$, e assim por diante. Então, o número total de quadrados é

$$n^2 + (n - 1)^2 + (n - 2)^2 + \ldots + 3^2 + 2^2 + 1$$

CAPÍTULO 3

O problema do padrão da Railside

O problema de Juan: "Veja se você consegue descobrir como o padrão está crescendo e a expressão algébrica que o representa!"

Uma solução

Uma boa maneira de resolver esse problema é observar como cada parte está crescendo, separadamente. Uma maneira de ver isso é a seguinte: nos diagramas da página anterior, parece que os quadrados brancos à esquerda estão crescendo uma unidade cada vez que o padrão segue para a próxima etapa, assim como os quadrados brancos à direita. O quadrado preto sólido à direita e o quadrado preto sólido na parte inferior não parecem mudar. E o retângulo de quadrados cinzentos está crescendo uma unidade em cada uma de suas dimensões. Para chegar a uma fórmula, precisamos numerar cada diagrama. Vamos chamar o primeiro diagrama de "$n = 1$" e o diagrama seguinte de "$n = 2$". Agora, vamos tentar dizer quantos de cada quadrado existem em termos de n. Os quadrados brancos à esquerda e os quadrados brancos à direita estão sempre na quantidade um a mais que n, então cada um deles pode ser representado pela expressão $(n + 1)$. Os quadrados pretos na parte inferior e à direita são sempre apenas 1, não importa qual seja n, portanto, eles podem ser representados pela expressão 1. Finalmente, o retângulo de quadrados cinzas tem uma largura de n e uma altura que é dois mais que n, ou $(n + 2)$. Assim, o número de quadrados neste retângulo pode ser representado pela largura vezes altura, ou pela expressão $n(n + 2)$. Portanto, o número total de quadrados no *n-ésimo* quadro é

$$\begin{aligned}&(n+1)+(n+1)+1+1+n(n+2)\\&=n+1+n+1+1+1+n^2+2n\\&=n^2+4n+4\end{aligned}$$

Nota interessante: esta expressão representa o quadrado perfeito, $(n + 2)^2$, o que representa que todo arranjo de quadrados pode ser organizado como um quadrado. Tente ver como eles se reorganizam. Isso poderia levar a uma maneira diferente de resolver o problema.

A questão da Amber Hill

Helen anda de bicicleta por 1 hora a 30 km/hora e 2 horas a 15 km/hora.
Qual é a velocidade média de Helen para o passeio?

Solução

"Velocidade média" é uma daquelas expressões complicadas em problemas enunciados com palavras, porque pode ser interpretada como significando coisas diferentes. A interpretação mais natural é "Se você estivesse viajando a uma velocidade *constante*, com que rapidez você cobriria a mesma distância na mesma quantidade de tempo?". Esta interpretação permite que você calcule a distância total percorrida e o tempo total gasto. Então a velocidade média é (distância total) / (tempo total). Nesse problema, Helen viaja 30 km durante a primeira hora e $15 \times 2 = 30$ km na segunda e terceira horas. Portanto, a distância total é de 30 km + 30 km = 60 km. O tempo total é de 1 hora + 2 horas = 3 horas. Assim, a velocidade média é (distância total) / (tempo total) = (60 km) / (3 horas) = 20 km/hora.

CAPÍTULO 7

O problema das escadas

Nesta tarefa, os alunos foram solicitados a determinar o número total de blocos de uma escada que crescia 1 bloco de altura, para 2 blocos de altura, 3 blocos de altura, e assim por diante, como um modo de prever uma escada de 10 blocos de altura e uma escada de 100 blocos de altura e, por fim, expressar algebricamente o total de blocos em qualquer escada. Os alunos receberam uma caixa cheia de cubos encaixáveis para construir as escadas, se quisessem.

Uma escada de quatro blocos de altura: total de blocos = 4 + 3 + 2 + 1 = 10

Solução

Há muitas maneiras de "ver" o crescimento em uma escada assim. Um deles é pensar em duas cópias da escada juntas, como mostrado a seguir:

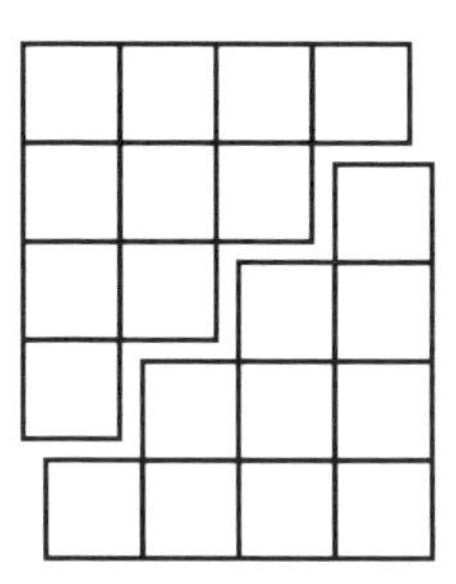

Elas se encaixam perfeitamente em um retângulo de 4×5. Como colocamos duas escadas juntas, o número total de quadrados em nossa escada original é de $(4 \times 5)/2 = 10$. Em geral, duas das n-ésimas escadas podem ser colocadas juntas para formar um retângulo de $n(n + 1)$. Novamente, como duas escadas foram colocadas juntas, o número total de quadrados em uma é $n(n + 1)/2$. Isso às vezes é chamado de n-ésimo número triangular, porque a escada tem uma forma triangular. Usando essa fórmula, podemos calcular quantos quadrados há em cada escada. Por exemplo, a décima escada ($n = 10$) tem $10(10 + 1)/2 = 55$ quadrados. A centésima escada tem $100(100 + 1)/2 = 5050$ quadrados. Há rumores de que o famoso matemático Carl Gauss trabalhou dessa maneira quando seu professor pediu que a turma somasse os números de 1 a 100. Você é capaz de descobrir por que isso produziria a resposta correta para essa soma?

O problema da escada de Alonzo

5 blocos

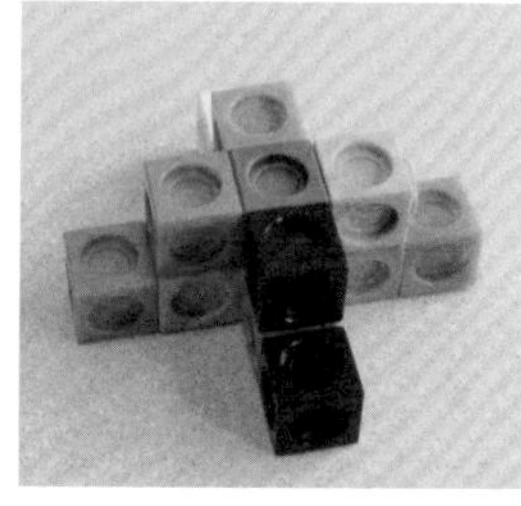

5 + 9 = 14 blocos

5 + 9 + 13 = 27 blocos

Solução

O problema de Alonzo é como o problema da escada, exceto que a escada se projeta em quatro direções a partir de um ponto central. Novamente, temos inúmeras maneiras de contar quantos quadrados existem nessa forma. Um método é usar a solução para o problema da escada. Cada uma das escadas de Alonzo é formada por 4 cópias das escadas do problema acima, mais os quadrados na coluna central, em que as 4 cópias estão anexadas. Portanto, o número de quadrados é $4n[(n + 1)/2] + n$. O primeiro termo representa as 4 escadas, e o n é a coluna de quadrados no meio. Este último termo é n porque a forma de Alonzo tem um de altura no primeiro caso, 2 de altura no segundo caso e, em geral, tem n de altura no n-ésimo caso.

Essa fórmula se simplifica da seguinte maneira:

$$
\begin{aligned}
&4n[(n + 1)/2] + n \\
&= 2n(n + 1) + n \\
&= 2n^2 + 2n + n \\
&= 2n^2 + 3n
\end{aligned}
$$

Sempre que você encontrar uma fórmula algébrica geral, é bom certificar-se de que ela funciona para os casos menores. Você pode experimentar essa fórmula para ver se funciona para os casos iniciais da escada de Alonzo retratada? Você pode produzir essa fórmula agrupando os cubos de uma maneira diferente?

Problema dos currais de vacas e currais de touros

Durante uma atividade chamada "*Currais de vacas e currais de touros*", os alunos tinham que determinar quantos segmentos de cerca eram necessários para conter um número crescente de vacas, dados certos parâmetros.

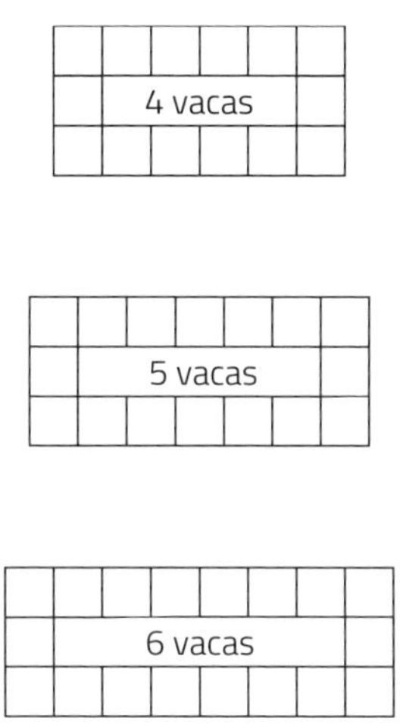

Solução

Existem muitas maneiras de ver o padrão desse problema, como acontece com outros neste livro. Uma maneira é contar o número de segmentos de cerca em cada lado das vacas e depois acrescentar os cantos. A primeira coisa interessante a perceber é que o número de segmentos da cerca acima e abaixo das vacas é o mesmo que o número de vacas, e o número de segmentos de cerca à esquerda e à direita é sempre 1. Então, na primeira imagem, existem $4 + 4 + 1 + 1 + 4 = 14$ segmentos de cerca, em que os dois primeiros 4 quatros vêm da cerca de cima e de baixo das vacas, os primeiros vêm da cerca à esquerda e à direita das vacas, e os últimos 4 vêm dos 4 cantos. Na imagem seguinte existem $5 + 5 + 1 + 1 + 4$ por razões semelhantes. Em geral, existem $n + n + 1 + 1 + 4$ segmentos de cerca ou $2n + 6$ segmentos.

CAPÍTULO 8
PROBLEMAS DO LIVRO DE SARAH FLANNERY

O problema das duas jarras

Dispondo-se de uma jarra de 5 litros e de uma jarra de 3 litros e de um suprimento ilimitado de água, como se mede exatamente 4 litros?

Solução

Há muitas maneiras de resolver esse problema – na verdade, inúmeras! Eis uma delas. Encha a jarra de 5 litros. Despeje a água da jarra de 5 litros na jarra de 3 litros até que esta esteja cheia. Agora sobraram 2 litros de água na jarra de 5 litros. Jogue fora a água na jarra de 3 litros. Depois, coloque os 2 litros de água que sobraram na jarra de 5 litros na jarra de 3 litros. Agora encha completamente a jarra de 5 litros e depois despeje essa água na jarra de 3 litros até completá-la. Como já havia 2 litros de água na jarra de 3 litros, você tirou exatamente um litro da jarra de 5 litros. Então, sobraram exatamente 4 litros na jarra de 5 litros.

Se isso parece confuso, veja esta tabela que mostra quantos litros de água há em cada jarra em cada etapa, com explicações sobre o que aconteceu a cada passo:

Jarra de 3 litros	Jarra de 5 litros	O que aconteceu
vazia	vazia	Por enquanto, nada!
vazia	5 litros	Encheu a jarra de 5 litros até a borda.
3 litros	2 litros	Encheu a jarra de 3 litros com a jarra de 5 litros.
vazia	2 litros	Esvaziou a jarra de 3 litros.
2 litros	vazia	Esvaziou o conteúdo da jarra de 5 litros na jarra de 3 litros.
2 litros	5 litros	Encheu a jarra de 5 litros até a borda.
3 litros	**4 litros!**	Completou a jarra de 3 litros usando o conteúdo da jarra de 5 litros.

Uma pergunta interessante de seguimento: esse é o menor número de etapas ou existe uma maneira mais rápida de medir 4 litros? Outra pergunta de seguimento: existe alguma quantidade que não é possível obter com essas duas jarras?

O problema do coelho

Um coelho cai em um poço seco de 30 metros de profundidade. Já que ficar no fundo de um poço não era seu plano original, ele decide sair. Quando tenta fazer isso, ele descobre que depois de subir 3 metros (e essa é a parte triste), recua 2. Frustrado, ele para onde está naquele dia e retoma seus esforços na manhã seguinte – com o mesmo resultado. Quantos dias ele vai levar para sair do poço?

Solução

Esse é um exemplo clássico de um problema com uma "pegadinha". Mesmo que você veja o truque, é fácil cometer um erro. Uma coisa boa a observar é que o ato de escalar e escorregar pode ser muito simplificado. Em vez de pensar nisso como subir 3 metros e descer 2 metros todos os dias, você pode pensar que isso significa subir 1 metro. Então todo dia o coelho sobe 1 metro, o que quer dizer que ele leva 30 dias para sair, 1 metro por dia. Mas a razão pela qual a resposta não é 30 dias é que, no último dia, o coelho de fato sai, e não escorrega de volta 2 metros. Portanto, o coelho economiza 2 dias e só leva 28 dias para sair. Você conseguiria encontrar outras maneiras de dizer isso e entender por que na verdade são 28 dias?

O problema do monge budista

Certa manhã, exatamente ao amanhecer, um monge budista deixa seu templo e começa a escalar uma montanha alta. O caminho estreito, de não mais do que um ou dois metros de largura, serpenteia ao redor da montanha até um templo cintilante em seu topo. O monge percorre a trilha a velocidades variáveis, parando muitas vezes ao longo do percurso para descansar e comer os frutos secos que carrega consigo. Ele chega ao templo pouco antes do pôr do sol. Depois de vários dias de jejum, ele inicia sua jornada de volta descendo pela mesma trilha, partindo ao nascer do sol e novamente andando em velocidades variáveis, com várias pausas pelo caminho, chegando finalmente ao templo de baixo pouco antes do pôr do sol. Prove que há um ponto ao longo do caminho que o monge ocupará em ambas as jornadas exatamente na mesma hora do dia.

Solução

Esse problema faz parte de uma bela classe de problemas chamada "teoremas do ponto fixo". Se você gosta desse tipo, saiba que existem muitos outros parecidos! Uma das maneiras mais bonitas de ver esta solução é imaginar o gráfico da caminhada do monge, com o tempo no eixo das abscissas (x) e a posição no eixo das ordenadas (y). Assim, a caminhada no primeiro dia poderia ser algo assim:

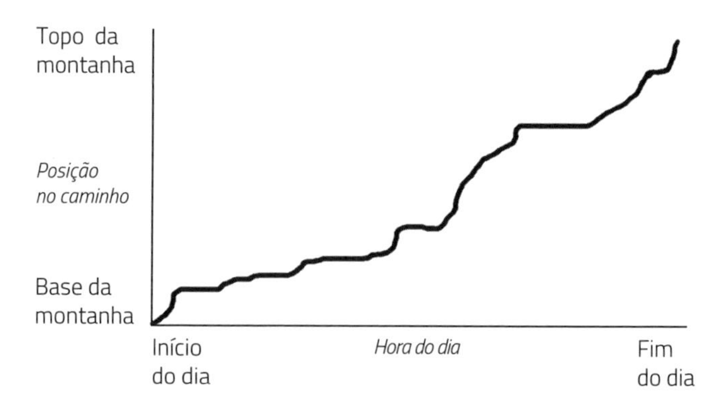

Então, no mesmo gráfico, podemos representar a caminhada de descida da montanha:

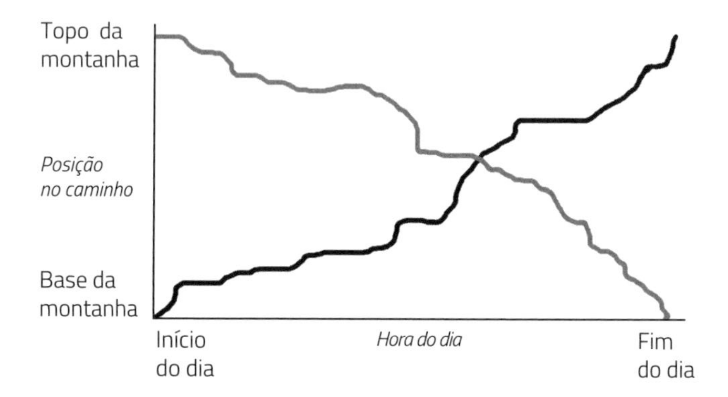

Observe que esses dois percursos podem parecer muito diferentes, pois o monge pode optar por ir mais rápido ou mais devagar em momentos diferentes. Contudo, uma vez que o primeiro percurso deve partir do canto inferior esquerdo para o canto superior direito, e o segundo percurso deve partir do canto superior esquerdo para o canto inferior direito, eles devem se cruzar em algum lugar. E, como você pode ver, eles de fato se cruzam em um lugar. Este ponto marca a hora do dia e a localização em que o monge estava no mesmo lugar ao mesmo tempo em ambos os dias.

OS 4 QUATROS

Tente obter todos os números entre 0 e 20 usando apenas 4 quatros e qualquer operação matemática (como multiplicação, divisão, adição, subtração, elevar a uma potência ou extração da raiz quadrada), sempre utilizando todos os 4 quatros. Por exemplo:

$$5 = \sqrt{4} + \sqrt{4} + \frac{4}{4}$$

Quantos dos números entre 0 e 20 podem ser encontrados?

Solução

Há muitas maneiras de fazer alguns números usando 4 quatros, mas para alguns números é muito mais difícil. A seguir temos uma lista de soluções para os números de 0 a 20:

$$0 = 4 - 4 + 4 - 4$$

$$1 = 4/4 + 4 - 4$$

$$2 = 4/4 + 4/4$$

$$3 = \sqrt{4 \times 4} - 4/4$$

$$4 = \sqrt{4} + \sqrt{4} + 4 - 4$$

$$5 = \sqrt{4} + \sqrt{4} + 4/4$$

$$6 = 4 + \sqrt{4} + 4 - 4$$

$$7 = 4 + \sqrt{4} + 4/4$$

$$8 = 4\sqrt{4} + 4 - 4$$

$$9 = 4 + 4 + 4/4$$

$$10 = 4 \times 4 - 4 - \sqrt{4}$$

$$11 = \frac{\sqrt{4}\,(4! - \sqrt{4})}{4}$$

$$12 = 4(4 - 4/4)$$

$$13 = \frac{\sqrt{4}\,(4! + \sqrt{4})}{4}$$

$$14 = 4! - 4 - 4 - \sqrt{4}$$

$$15 = 4 \times 4 - 4/4$$

$$16 = 4 \times 4 + 4 - 4$$

$$17 = 4 \times 4 + 4/4$$

$$18 = 4! - \sqrt{4} - \sqrt{4} - \sqrt{4}$$

$$19 = 4! - 4 - 4/4$$

$$20 = 4 \times (4 + 4/4)$$

Observe que, em algumas soluções, eu usei a notação fatorial, o ponto de exclamação (!), depois de alguns números. Essa operação multiplica o número por cada inteiro positivo menor do que ele. Então $4! = 4 \times 3 \times 2 \times 1 = 24$. Nos números em que usei uma operação fatorial, você acha que é possível encontrar soluções sem ele?

CORRIDA AO 20

Jogo para duas pessoas.

Regras:

1. Comece no 0.
2. O primeiro jogador soma 1 ou 2 a 0.
3. O segundo jogador soma 1 ou 2 ao número anterior.
4. Os jogadores continuam se revezando na soma de 1 ou 2.
5. Quem chega a 20 é o vencedor.

Veja se você consegue descobrir uma estratégia vencedora.

Solução

Uma das coisas que você pode notar depois de jogar este jogo por um tempo é que se você conseguir chegar a 17, você é o vencedor. Isso porque, independentemente do que seu adversário some, seja 1 ou 2, na sua próxima vez você será capaz de chegar a 20. Então, chegar a 17 é tão bom quanto chegar a 20. Essa ideia pode se estender a números ainda menores. Aqui, 17 é um bom número para você chegar porque faltam apenas 3 para chegar a 20, apenas um a mais do que o seu adversário pode somar. Manter uma distância de 3 desses "números bons" é o truque. Por um raciocínio semelhante, chegar a 14 faz de você o vencedor, pois o que quer que seu adversário some, na sua próxima vez você poderá chegar a 17 e, então, você já sabe o que precisa fazer para chegar a 20. Um raciocínio semelhante se aplica a 11, 8, 5, e assim por diante, diminuindo por três. Então agora comece do início: você pode adotar uma estratégia vencedora se você for o primeiro a jogar? E se você for o segundo? Se quiser, invente algumas variações desse jogo que funcionem de forma diferente e depois tente encontrar a estratégia.

CUBOS PINTADOS

Um cubo de 3 × 3 × 3

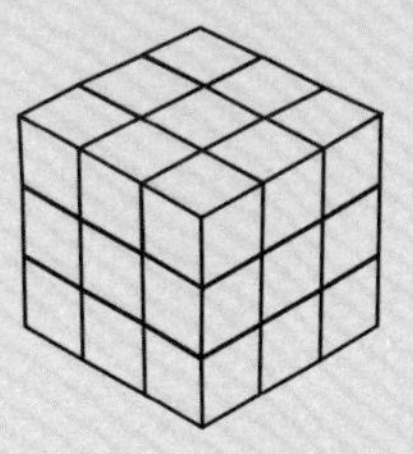

é pintado de vermelho por fora. Se ele for dividido em cubos de 1 × 1 × 1, quantos desses pequenos cubos terão três faces pintadas? Duas faces pintadas? Uma face pintada? Nenhuma face pintada? E se você partir de um cubo original maior?

Solução

O cubo 3 × 3 × 3 tem 1 cubo bem no meio, com 0 faces pintadas. Ele tem 6 cubos com 1 face pintada, 1 no centro de cada uma das seis faces. Ele tem 12 cubos com 2 faces pintadas, 1 no centro de cada borda do cubo grande. E ele tem 8 cubos com 3 faces pintadas, 1 em cada um dos 8 cantos do cubo grande.

Em geral, para um cubo *de* $n \times n \times n$, vamos pensar em como contar todos os cubos com 0 faces pintadas. Imagine retirar toda a camada externa de cubos pequenos. Você vai ficar com um cubo no centro, mas cada uma de suas dimensões será reduzida em 2, porque uma camada de cubos foi removida em ambas as faces. Então é um cubo $n - 2$ por $n - 2$ por $n - 2$. Então ele tem $(n - 2)^3$ cubinhos. Para os cubos com 1 face pintada, eles estão no interior de cada face. Por um raciocínio semelhante ao acima, este é quadrado de $n - 2$ por $n - 2$, então existem $(n - 2)^2$ desses para cada uma das 6 faces, então $6(n - 2)^2$ têm 1 face pintada. Para os cubos com 2 faces pintadas, estes estão ao longo de cada uma das 12 arestas, mas existem $n - 2$ desses (você entende por quê?) perfazendo um total de $12(n - 2)$ desses. Finalmente, qualquer que seja o tamanho do cubo, existe apenas um cubo com 3 faces pintadas por cada um dos 8 cantos, então existem 8 cubos com três faces pintadas.

FEIJÃO E TIGELAS

Quantas maneiras existem de organizar 10 feijões entre 3 tigelas? Experimente com um número diferente de feijões.

Solução

Existem muitas maneiras de resolver esse problema. Uma maneira é subdividi-lo em 11 casos, com base no número de feijões que estão na primeira tigela. (Você entende por que são 11 casos, e não 10 casos?) Então, para cada caso, conte de quantas maneiras os grãos podem ser distribuídos entre as outras duas tigelas. Eu recomendo fazer isso para que você entenda melhor o problema mergulhando nele. Depois de ter feito isso, eis uma maneira mais rápida e elegante de ver a resposta final:

Imagine seus feijões como pontos, todos alinhados, mas com 2 extras:

• • • • • • • • • • • •

Por que dois extras? Bem, imagine que sua tarefa seja substituir dois dos grãos com um *x*, assim:

• • *x* • • • *x* • • • • •

ou assim:

• • • • • • • *x* • *x* • •

ou mesmo assim:

• • • • *xx* • • • • • •

Esses *x* são instruções sobre em quais tigelas colocar os grãos. Elas funcionam da seguinte forma: ponha feijões na primeira tigela até chegar ao primeiro *x;* então, coloque os feijões na segunda tigela até chegar ao segundo x; e depois coloque o resto dos feijões na terceira tigela. Então, no primeiro exemplo supracitado haveria 2 feijões na primeira tigela, 3 feijões na segunda tigela e 5 feijões na terceira tigela. Para o segundo exemplo, haveria 7 feijões na primeira tigela, 1 feijão na segunda tigela e 2 feijões na terceira tigela. Para o último exemplo, haveria 4 feijões na primeira tigela, nenhum feijão na segunda tigela (você entende por quê?) e 6 feijões na terceira tigela.

Assim, cada maneira de substituir 2 dos 12 feijões por um x corresponde a uma maneira de colocar os 10 feijões restantes em tigelas. Assim, se pudermos descobrir quantas maneiras existem de escolher 2 feijões e substituí-los por um x, então saberemos quantos arranjos de feijões em tigelas existem. De quantas maneiras pode-se escolher o primeiro feijão? Bem, são 12, pois pode-se escolher qualquer feijão. Portanto, existem 11 maneiras de escolher o segundo feijão, porque você já escolheu 1. Então existem $12 \times 11 = 132$ maneiras de escolher 1 feijão e depois escolher outro feijão. Mas precisamos ter cuidado com outra coisa. Existem 2 maneiras de escolher cada par de x, pois você pode mudar a ordem em que você os escolheu. Assim, 132 conta cada par de x duas vezes, e precisamos dividir por 2. Portanto, o número de maneiras de substituir 2 feijões por x, que é o mesmo que o número de maneiras de colocar 10 feijões em 3 tigelas, é $(12 \times 11)/2 = 66$.

Você entende como esse método funcionaria se você alterasse o número de feijões? E se você mudasse o número de tigelas?

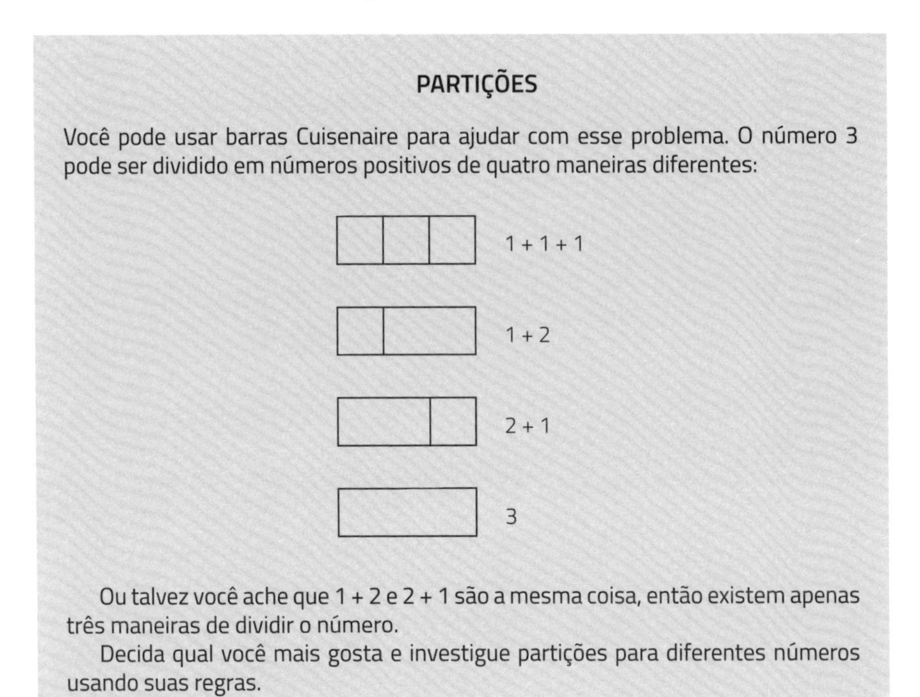

PARTIÇÕES

Você pode usar barras Cuisenaire para ajudar com esse problema. O número 3 pode ser dividido em números positivos de quatro maneiras diferentes:

Ou talvez você ache que 1 + 2 e 2 + 1 são a mesma coisa, então existem apenas três maneiras de dividir o número.

Decida qual você mais gosta e investigue partições para diferentes números usando suas regras.

Solução

Para este, você está sozinho! Sugerir um padrão geral sobre quantas partições um número tem é um problema não resolvido. Bem-vindo à matemática de ponta.

Apêndice B

Currículo recomendado

ATÉ O 5º ANO

- TERC, Investigations: https://investigations.terc.edu
- Mind Research Institute: www.mindresearch.org
- Math Learning Center. *Bridges*: www.mathlearningcenter.org/bridges

DO 6º AO 8º ANO

- College Preparatory Mathematics (CPM) Core Connections Series: www.cpm.org
- Connected Mathematics Project: https://connectedmath.msu.edu

Intervenção/Complementar

- Mind Research Institute. *ST Math*: supplemental curriculum: www.mindresearch.org
- Math 180: http://teacher.scholastic.com/products/math180

DO 9º ANO DO ENSINO FUNDAMENTAL A 3ª SÉRIE DO ENSINO MÉDIO

- Core-plus mathematics: http://wmich.edu/cpmp
- CPM Core Connections Series: www.cpm.org
- Interactive Mathematics Program (IMP): http://mathimp.org

Apêndice C

Recursos adicionais

LIVROS

BOALER, J. *Mentalidades matemáticas:* estimulando o potencial dos estudantes por meio da matemática criativa, das mensagens inspiradoras e do ensino inovador. Porto Alegre: Penso, 2019.

BOALER, J.; HUMPHREYS, C. *Connecting mathematical ideas*: middle school video cases to support teaching and learning. Portsmouth: Heinemann, 2005.

COHEN, E. G.; LOTAN, R. A. *Planejando o trabalho em grupo:* estratégias para salas de aula heterogêneas. Porto Alegre: Penso, 2017.

DRISCOLL, M. *Fostering algebraic thinking*: a guide for teachers, grades 6-10. Portsmouth: Heinemann, 1999.

DRISCOLL, M. et al. *Fostering geometry thinking*: a guide for teachers, grades 5-10. Portsmouth: Heinemann, 2017.

HARRIS, P. W. *Building powerful numeracy for middle and high school students*. Portsmouth: Heinemann, 2011.

HIEBERT, J. et al. *Making sense*: teaching and learning mathematics with understanding. Portsmouth: Heinemann, 1997.

HUMPHREYS, C.; PARKER, R. *Conversas numéricas:* estratégias de cálculo mental para uma compreensão profunda da matemática. Porto Alegre: Penso, 2019.

LAMON, S. J. *Teaching fractions and ratios for understanding*: essential content knowledge and instructional strategies for teachers. 3rd ed. New York: Routledge, 2011.

MASON, J. *Learning and doing mathematics*. 2nd ed. Hertfordshire: Tarquin, 2000.

MASON, J.; BURTON, L.; STACEY, K. *Thinking mathematically*. 2nd ed. Upper Saddle River: Pearson, 2010.

MOSES, R. P.; COBB JR., C. E. *Radical equations*: math literacy and civil rights. Boston: Beacon, 2001.

PARRISH, S. *Number talks*: helping children build mental math and computation strategies, grades K–5. Sausalito: Math Solutions, 2014.

PETERSEN, J. *Math games for independent practice*: games to support math workshops and more. Sausalito: Math Solutions, 2013.

PÓLYA, G. *A arte de resolver problemas*. Rio de Janeiro: Interciência, 1978.

R4 EDUCATED SOLUTIONS. *Making math accessible to English language learner*: practical tips and suggestions. Bloomington: Solution Tree, 2009.

SHUMWAY, J. F. *Number sense routines*: building numerical literacy every day in grades K-3. Portland: Stenhouse, 2011

SMALL, M. *Good questions*: great ways to differentiate mathematics instruction. 2nd ed. New York: Teachers College, 2012.

SMALL, M.; LIN, A. *More good questions*: great ways to differentiate secondary mathematics instruction. New York: Teachers College, 2010.

STEIN, M. K. et al. *Implementing standards-based mathematics instruction*: a casebook for professional development. 2nd ed. New York: Teachers College, 2009.

SWETZ, F. J. *Mathematical expeditions*: exploring world problems across the ages. Baltimore: Johns Hopkins University, 2012.

TATE, M. *Worksheets don't grow dendrites*: 20 instructional strategies that engage the brain. Thousand Oaks: Corwin, 2010.

WIGGINS, G.; MCTIGHE, J. *Planejar para a compreensão*. Porto Alegre: Penso, 2019.

WILIAM, D. *Embedded formative assessment*. Bloomington: Solution Tree, 2011.

SITES

Balanced Assessment: http://balancedassessment.concord.org

Conceptua Math (ensino fundamental) - Visual and conceptual learning: www.conceptuamath.com

Dan Meyer's resources: http://blog.mrmeyer.com

Estimation 180: www.estimation180.com

GeoGebra: https://www.geogebra.org/?lang=pt

Hour of Code: https://hourofcode.com/br

Mathalicious (anos finais do ensino fundamental e ensino médio) - Real-world lessons for middle and high school: www.mathalicious.com

The Math Forum: www.mathforum.org.

The Mathematics Assessment Project, Shell Center: http://map.mathshell.org/materials/index.php

National Council of Teachers of Mathematics (NCTM): www.nctm.org (Você precisa ser membro para acessar alguns dos recursos.)

NCTM Illuminations: http://illuminations.ntcm.org

NRICH: http://nrich.maths.org

Number Strings: http://numberstrings.com

Shell Centre for Mathematical Education Publications: www.mathshell.com

Teach the Hour of Code: http://code.org

Video Mosaic Collaborative: http://videomosaic.org

Visual Patterns (3ª série do ensino médio): www.visualpatterns.org

YouCubed: https://www.youcubed.org/pt-br/

APLICATIVOS

ABCya.com: Virtual Manipulatives

Bedtime Math Foundation: Bedtime Math

BrainQuake Inc.: Wuzzit Trouble.

DragonBox: Algebra 5+, Algebra 12+, Elements

Educreations

Explain Everything

MicroBlink: PhotoMath

MIND Research Institute: BigSeed and KickBox

Motion Math: Zoom, Hungry Fish, and Fractions!

Notability

The Math Learning Center: Number Rack

Scholastic: Sushi Monster

TapTapBlocks

Wolfram Group LLC: Wolfram|Alpha

JOGOS

Calculation Nation: http://calculationnation.nctm.org

Mathbreakers: www.mathbreakers.com

Minecraft: https://minecraft.net

LIVROS DE QUEBRA-CABEÇAS E PROBLEMAS

BERLEKAMP, E. R.; CONWAY, J. H.; GUY, R. K. *Winning ways for your mathematical plays*. 2nd ed. Wellesley: AK Peters, 2001. v. 1.

BERLEKAMP, E.; RODGERS, T. *The mathemagician and pied puzzler*: a collection in tribute to Martin Gardner. Natick: AK Peters, 1999.

BOLT, B. *A mathematical jamboree*. Cambridge: Cambridge University, 1995.

BOLT, B. *A mathematical pandora's box*. Cambridge: Cambridge University, 1993.

BOLT, B. *Mathematical cavalcade*. Cambridge: Cambridge University, 1992.

BOLT, B. *The amazing mathematical amusement arcade*. Cambridge: Cambridge University, 1984.

CORNELIUS, M.; PARR, A. *What's your game?* Cambridge: Cambridge University, 1991.

GARDNER, M. *Mathematical puzzle tales*. Washington: American Mathematical Society, 2000.

GARDNER, M. *Riddles of the sphinx*: and other mathematical puzzle tales. Washington: Mathematical Association of America, 1987.

GARDNER, M. *The colossal book of mathematics*: classic puzzles, paradoxes, and problems. New York: W. W. Norton, 2001.

MOSCOVICH, I. *Knotty number problems & other puzzles*. New York: Sterling, 2005.

TANTON, J. S. *Solve this*: math activities for students and clubs. Washington: Mathematical Association of America, 2001.

Notas

Prefácio

1. Curso *What is mathematics?* Introduction to mathematical thinking. c2018. Disponível em: <https://www.coursera.org/course/maththink>.
2. BOALER, J. Research suggests that timed tests cause math anxiety. *Teaching children mathematics*, v. 20, n. 8, p. 469-474, 2014. Disponível em: <www.youcubed.stanford.edu>.
3. BOALER, J. Ability and mathematics: the mindset revolution that is reshaping education. *Forum*, v. 55, n. 1, p. 143-152, 2013. Disponível em: <www.youcubed.stanford.edu>.
4. BOALER, J. *Fluency without fear*: research evidence on the best ways to learn math facts. 2015. Disponível em: <https://www.youcubed.org/evidence/fluency-without-fear/>. Acesso em: 26 nov. 2018.
5. DWECK, C. *Mindset*: a nova psicologia do sucesso. São Paulo: Objetiva, 2017.
6. Curso *How to learn math for teachers*. Disponível em: <http://scpd.stanford.edu/instanford/how-to-learn-math.jsp>.
7. ABIOLA, O. O.; DHINDSA, H. S. Improving classroom practices using our knowledge of how the brain works. *International Journal of Environmental & Science Education*, v. 7, n. 1, p. 71-81, 2012.
8. PROGRAMME FOR INTERNATIONAL STUDENT ASSESSMENT. *PISA 2012 results*: what students know and can do. 2012. Disponível em: <http://www.oecd.org/pisa/keyfindings/pisa-2012-results.htm>. Acesso em: 27 nov. 2018.

9. WOOLLETT, K.; MAGUIRE, E. A. Acquiring 'the knowledge' of London's layout drives structural brain changes. *Current Biology*, v. 21, n. 24, p. 2109--2114, 2011. Disponível em: <http://www.cell.com/current-biology/abstract/S0960-9822(11)01267-X>. Acesso em: 27 nov. 2018.
10. MOSER, J. S. *et al.* Mind your errors: evidence for a neural mechanism linking growth mind-set to adaptive posterior adjustments. *Psychological Science*, v. 22, n. 12, p. 1484-1489, 2011.
11. Curso *How to learn math for teachers*. Disponível em: <http://scpd.stanford.edu/instanford/how-to-learn-math.jsp>.
12. COMMON CORE. c2018. Disponível em: <http://www.corestandards.org/>. Acesso em: 28 nov. 2018.
13. YOUCUBED. *Why we need common core math*. 2018. Disponível em: <https://www.youcubed.org/resources/need-common-core-math/>. Acesso em: 28 nov. 2018.
14. SILVA, E.; WHITE, T. *Pathways to improvement*: using psychological strategies to help college students master developmental math. Stanford: Carnegie Foundation for the Advancement of Teaching, 2013.
15. LAWYERS' COMMITTEE FOR CIVIL RIGHTS OF THE SAN FRANCISCO BAY AREA. *Held back*: addressing misplacement of 9th grade students in bay area school math classes. 2013. Disponível em: <http://www.lccr.com/wp--content/uploads/Held_Back_9th_Grade_Math_Misplacement.pdf>. Acesso em: 27 nov. 2018.

Introdução
Compreendendo a urgência

1. PROGRAMME FOR INTERNATIONAL STUDENT ASSESSMENT. *Learning from tomorrow's world*: first results from PISA 2003. Italy: Organisation for Economic Co-operation and Development, 2003.
2. NATIONAL SCIENCE FOUNDATION. Higher education in science and engineering. *In:* NATIONAL SCIENCE FOUNDATION. Science and engineering indicators. Arlington: NFS, 2014. Cap. 2. Disponível em: <http://www.nsf.gov/statistics/seind14/index.cfm/chapter-2>. Acesso em: 27 nov. 2018.
3. UNITED STATES. US Department of Education. *Science, technology, engineering, and math*: education for global leadership. 2015. Disponível em: <http://www.ed.gov/stem>. Acesso em: 27 nov. 2018.

4. RAYTHEON COMPANY. *Math relevance to U.S. middle school students*: a survey commissioned by Raytheon Company. 2012. Disponível em: <https://www.raytheon.com/sites/default/files/news/rtnwcm/groups/corporate/documents/content/rtn12_studentsmth_results.pdf>. Acesso em: 27 nov. 2018.
5. SILVA, E.; WHITE, T. *Pathways to improvement*: using psychological strategies to help college students master developmental math. Stanford: Carnegie Foundation for the Advancement of Teaching, 2013.
6. FORMAN, S. L.; STEEN, L. A. *Beyond eighth grade*: functional mathematics for life and work. Berkeley: National Center for Research in Vocational Education, University of California, 1999. p. 14-15.
7. WOLFRAM, C. *Teaching kids real math with computers*. 2010. TED conference. Disponível em: <http://www.ted.com/talks/conrad_wolfram_teaching_kids_real_math_with_computers?language=en>. Acesso em: 27 nov. 2018.
8. MOSES, R. P.; COBB JR., C. E. *Radical equations*: math literacy and civil rights. Boston: Beacon Press, 2001.
9. STEEN, L. A. (Ed.). *Why numbers count*: quantitative literacy for tomorrow's America. New York: College Entrance Examination Board, 1997.
10. GAINSBURG, J. *The mathematical behavior of structural engineers*. 2003. 294 p. Thesis (Ph. D. in Education) – School of Education, Stanford University, Stanford, 2003. p. 34.
11. HOYLES, C.; NOSS, R.; POZZI, S. Proportional reasoning in nursing practice. *Journal for Research in Mathematics Education*, v. 32, n. 1, p. 4-27, 2001.
12. NOSS, R.; HOYLES; POZZI, S. Abstraction in expertise: a study of nurses' conceptions of concentration. *Journal for Research in Mathematics Education*, v. 33, n. 3, p. 204-229, 2002.
13. Visite: <http://www.ted.com/talks/conrad_wolfram_teaching_*kids*_real_math_with _computers>.
14. GAINSBURG, J. *The mathematical behavior of structural engineers*. 2003. 294 p. Thesis (Ph. D. in Education) – School of Education, Stanford University, Stanford, 2003. p. 36.
15. Curso *How to learn math for teachers and parents*. Disponível em: <http://scpd.stanford.edu/instanford/how-to-learn-math.jsp>.
16. LAVE, J.; MURTAUGH, M.; ROCHA, O. The dialectical construction of arithmetic practice. *In:* ROGOFF, B.; LAVE, J. (Ed.). *Everyday cognition*: its development in social context. Cambridge: Harvard University, 1984.

17. LAVE, J. *Cognition in practice*: mind, mathematics and culture in everyday life. Cambridge: Cambridge University, 1988.
18. MASINGILA, J. Learning from mathematics practice in out-of-school situations. *For the Learning of Mathematics*, v. 13, n. 2, p. 18-22, 1993.
19. NUNES, T.; SCHLIEMANN, A. D.; CARRAHER, D. W. *Street mathematics and school mathematics*. New York: Cambridge University, 1993.
20. BOALER, J. *Experiencing school mathematics*: traditional and reform approaches to teaching and their impact on student learning. Mahwah: Lawrence Erlbaum, 2002.
21. MAHER, C. Is dealing with mathematics as a thoughtful subject compatible with maintaining satisfactory test scores? A nine-year study. *Journal of Mathematical Behavior*, v. 10, n. 3, p. 225-248, 1991.
22. Todos os nomes de escolas, professores e alunos citados neste livro são pseudônimos. Escolas envolvidas em pesquisas são sempre tratadas com anonimato completo, uma exigência da University Institutional Review Boards.

1 O que é matemática? *E por que todos nós precisamos dela?*

1. BROWN, D. *O código da Vinci*. São Paulo: Arqueiro, 2004.
2. WERTHEIM, M. *Pythagoras's trousers*: god, physics, and the gender wars. New York: W. W. Norton, 1997. p. 3-4.
3. BOALER, J. *Experiencing school mathematics*: traditional and reform approaches to teaching and their impact on student learning. Mahwah: Lawrence Erlbaum, 2002.
4. DEVLIN, K. *The math gene*: how mathematical thinking evolved and why numbers are like gossip. New York: Basic Books, 2000. p. 7.
5. KENSCHAFT, P. C. *Math power*: how to help your child love math, even if you don't. Upper Saddle River: Pi Press, 2005.
6. SAWYER, W. W. *Prelude to mathematics*. New York: Dover, 1955. p. 12.
7. FIORI, N. *In search of meaningful mathematics*: the role of aesthetic choice. 2007. 256 l. Thesis (Ph. D. in Education) – School of Education, Stanford University, Stanford, 2007. Disponível em: <http://searchworks.stanford.edu/view/6969509>. Acesso em: 27 nov. 2018.
8. SINGH, S. *Fermat's enigma*: the epic quest to solve the world's greatest mathematical problem. New York: Anchor Books, 1997.

9. SINGH, S. *Fermat's enigma*: the epic quest to solve the world's greatest mathematical problem. New York: Anchor Books, 1997. p. xiii.
10. SINGH, S. *Fermat's enigma*: the epic quest to solve the world's greatest mathematical problem. New York: Anchor Books, 1997. p. 6.
11. SCHUMER, F. Jersey; in Princeton, taking on Harvard's fuss about women. *New York Times*, 19 June 2005.
12. LAKATOS, I. *Proofs and refutations*: the logic of mathematical discovery. Cambridge: Cambridge University, 1976.
13. COCKCROFT, W. H. *Mathematics counts*: report of inquiry into the teaching of mathematics in schools. London: Her Majesty's Stationery Office, 1982.
14. ALBERS, D. J.; ALEXANDERSON, G. L.; REID, C. *More mathematical people*: contemporary conversations. Boston: Harcourt Brace Jovanovich, 1990. p. 30.
15. DEVLIN, K. *The math gene*: how mathematical thinking evolved andwhy numbers are like gossip. New York: Basic Books, 2000. p. 76.
16. PÓLYA, G. *How to solve it*: a new aspect of mathematical method. New York: Doubleday Anchor, 1971. p. v.
17. BURTON, L. The practices of mathematicians: what do they tell us about coming to know mathematics? *Educational Studies in Mathematics*, v. 37, p. 121, 1998.
18. HILTON, P. Citação popular.
19. HERSH, R. *What is mathematics, really?* New York: Oxford University Press, 1997. p. 18.
20. DEVLIN, K. *The math gene*: how mathematical thinking evolved and why numbers are like gossip. New York: Basic Books, 2000. p. 9.
21. BOALER, J. Britain's maths policy simply doesn't add up. *The Telegraph*, 14 Aug. 2014. Disponível em: <http://www.telegraph.co.uk/education/education-news/11031288/Britains-maths-policy-simply-doesnt-add-up.html>. Acesso em: 27 nov. 2018.
22. FIORI, N. *Practices of mathematicians*. 2007. (Manuscrito).
23. REID, D. A. Conjectures and refutations in grade 5 mathematics. *Journal for Research in Mathematics Education*, v. 33, n. 1, p. 5-29. 2002.
24. KEIL, G. E. *Writing and solving original problems as a means ofimproving verbal arithmetic problem solving ability*. 1965. Thesis (Ph. D.) – Indiana University, 1965.

2 O que há de errado nas salas de aula? *Identificando os problemas*

1. SCHOENFELD, A. H. The math wars. *Educational Policy*, v. 18, n. 1, p. 253-286, 2004.
2. SANDERS, W. L.; RIVERS, J. C. *Cumulative and residual effects of teachers on future student academic achievement*. Knoxville: University of Tennessee, 1996.
3. WRIGHT, S. P.; HORN, S. P.; SANDERS, W. L. Teacher and classroom context effects on student achievement: implications for teacher evaluation. *Journal of Personnel Evaluation in Education*, v. 11, n. 1, p. 57-67, 1997.
4. JORDAN, H. R.; MENDRO, R. L.; WEERSINGHE, D. *Teacher effects on longitudinal student achievement*: a preliminary report on research on teacher effectiveness. Kalamazoo: Western Michigan University, 1997. (Trabalho apresentado no National Evaluation Institute, Indianapolis.)
5. DARLING-HAMMOND, L. Teacher quality and student achievement: a review of state policy evidence. *Educational Policy Analysis Archives*, v. 8, n. 1, p. 1-44, 2000.
6. ROSEN, L. *Calculating concerns*: the politics of representation in California's 'math wars'. San Diego: University of California, [2000].
7. BROWN, R. G. *et al. Algebra*: structure and method. Evanston: Houghton Mifflin, McDougal Littell, 2000. p. 1.
8. BROWN, R. G. *et al. Algebra*: structure and method. Evanston: Houghton Mifflin, McDougal Littell, 2000. p. 3.
9. FENDEL, D. *et al. Interactive mathematics program*. Emeryville: Key Curriculum Press, 1997. p. 189.
10. FENDEL, D. *et al. Interactive mathematics program*. Emeryville: Key Curriculum Press, 1997. p. 194.
11. FENDEL, D. *et al. Interactive mathematics program*. Emeryville: Key Curriculum Press, 1997. p. 203-204.
12. BISHOP, W. Another terrorist threat. *Math Forum*. 2003.
13. BOALER, J. *Jo Boaler reveals attacks by Milgram and Bishop*: when academic disagreement becomes harassment and persecution. Stanford: Stanford University, 2012. Disponível em: <http://stanford.edu/~joboaler/>. Acesso em: 28 nov. 2018.
14. JASCHIK, S. Casualty of the math wars. *Inside Higher Ed*, 15 Oct. 2012. Disponível em: <https://www.insidehighered.com/news/2012/10/15/stanford-

professor-goes-public-attacks-over-her-math-education-research>. Acesso em: 28 nov. 2018.

15. WILSON, S. *California dreaming*: reforming mathematics education. New Haven: Yale University Press, 2003.
16. PROGRAMME FOR INTERNATIONAL STUDENT ASSESSMENT. *Learning from tomorrow's world*: first results from PISA 2003. Italy: Organisation for Economic Co-operation and Development, 2003.
17. JOHNSON, E. G.; ALLEN, N. L. *The NAEP 1990 Technical Report.* Washington: National Center for Educational Statistics, 1992. N. 21-TR-20.
18. BOALER, J. *Experiencing school mathematics*: teaching styles, sex and setting. Buckingham: Open University, 1997.
19. CARPENTER, T. P.; FRANKE, M. L.; LEVI, L. *Thinking mathematically*: integrating arithmetic & algebra in the elementary school. Portsmouth: Heinemann, 2003.
20. FLANNERY, D.; FLANNERY, S. *In code*: a mathematical journey. Chapel Hill: Algonquin Books, 2002. p. 38.
21. HERSH, R. *What is mathematics, really?* New York: Oxford University, 1997. p. 27.
22. BOALER, J.; GREENO, J. Identity, agency and knowing in mathematics worlds. *In:* BOALER, J. (Ed.). *Multiple perspectives on mathematics teaching and learning.* Westport: Ablex, 2000. p. 171-200.
23. MURATA, A. Comunicação pessoal, 2006.
24. SCHOENFELD, A. H. Confessions of an accidental theorist. *For the Learning of Mathematics*, v. 7, n. 1, p. 37, 1987.
25. ROSE, H. *Reflections on PUS, PUM and the weakening of panglossian cultural tendencies.* The Production of a Public Understanding of Mathematics. Birmingham: University of Birmingham, 1998. p. 4.
26. ROSE, H. *Reflections on PUS, PUM and the weakening of panglossian cultural tendencies.* The Production of a Public Understanding of Mathematics. Birmingham: University of Birmingham, 1998. p. 5.

3 Visão para um futuro melhor
Abordagens eficazes em sala de aula

1. STANFORD UNIVERSITY. *Program for complex instruction.* c2018. Disponível em: <http://cgi.stanford.edu/group/pci/cgi-bin/site.cgi>. Acesso em: 28 nov. 2018.

2. SISKIN, L. S. *Realms of knowledge*: academic departments in secondary schools. London: Falmer, 1994.
3. WENGER, E. *Communities of practice*: learning, meaning, and identity. Cambridge: Cambridge University, 1998.
4. LAVE, J. *Cognition in practice*: mind, mathematics and culture in everyday life. Cambridge: Cambridge University, 1988.

4 Adestrando o monstro
Novas formas de avaliação que incentivam a aprendizagem

1. KOHN, A. *The case against standardized testing:* raising the scores, ruining the schools. Portsmouth: Heinemann, 2000. p. 1.
2. BLACK, P.; WILIAM, D. *Inside the black box:* raising standards through classroom assessment. London: Department of Education and Professional Studies, King's College, 1998.
3. BLACK, P. *et al. Assessment for learning*: putting it into practice. Berkshire: Open University, 2003.
4. ROSSER, P. *The SAT gender gap*: ETS responds. Washington: Center for Women Policy Studies, 1992.
5. POPE, D. *Doing school*: "successful" students experiences of the high school curriculum. Stanford: Stanford University, 1999.
6. BOND, L. *My child doesn't test well.* Stanford: The Carnegie Foundation for the Advancement of Teaching, 2007. Carnegie Conversations.
7. GUNZENHAUSER, M. G. High-stakes testing and the default philosophy of education. *Theory into Practice*, v. 42, n. 1, p. 51-58, 2003.
8. KOHN, A. *The case against standardized testing:* raising the scores, ruining the schools. Portsmouth: Heinemann, 2000. p. 30.
9. BOALER, J.; STAPLES, M. Creating mathematical futures through an equitable teaching approach: the case of Railside school. *Teachers College Record*, v. 110, n. 3, p. 608-645, 2008. Citado no caso de *Parents v. The Seattle Court District* (números 05-908 e 05-915).
10. BOALER, J. When learning no longer matters: standardized testing and the creation of inequality. *Phi Delta Kappan*, v. 84, n. 7, p. 502-506, 2003. Disponível em: <https://journals.sagepub.com/doi/abs/10.1177/003172170308400706>. Acesso em: 28 nov. 2018.

11. WHITE, B. Y.; FREDERIKSEN, J. R. Inquiry, modeling, and metacognition: making science accessible to all students. *Cognition and Instruction*, v. 16, n. 1, p. 3-118, 1998.
12. STEELE, C. M. A threat in the air: how stereotypes shape intellectual identity and performance. *American Psychologist*, v. 52, n. 6, p. 613-629, 1997.
13. REAY, D.; WILIAM, D. I'll be a nothing: structure, agency and the construction of identity through assessment. *British Educational Research Journal*, v. 25, n. 3, p. 345-346, 1999.
14. KLUGER, A. N.; DENISI, A. The effects of feedback interventions on performance: a historical review, a meta-analysis, and a preliminary feedback intervention theory. *Psychological Bulletin*, v. 119, n. 2, p. 254-284, 1996.
15. DEEVERS, M. Linking classroom assessment practices with student motivation in mathematics. *In:* ANNUAL MEETING OF THE AMERICAN EDUCATIONAL RESEARCH ASSOCIATION, 2006, San Francisco. *Paper...* San Francisco: [s.n.], 2006.
16. BLACK, P. *et al. Working inside the black box*: assessment for learning in the classroom. London: Department of Education and Professional Studies, King's College, 2004.
17. ELAWAR, M.; CORNO, L. A factorial experiment in teachers' written feedback on student homework: changing teacher behavior a little rather than a lot. *Journal of Educational Psychology*, v. 77, n. 2, p. 162-173, 1985.
18. BUTLER, R. Enhancing and undermining intrinsic motivation: the effects of task-involving and ego-involving evaluation on interest and performance. *British Journal of Educational Psychology*, v. 58, n. 1, p. 1-14, 1998.
19. WILIAM, D. Keeping learning on track: classroom assessment and the regulation of learning. *In:* LESTER JR., F. K. (Ed.). *Second hand book of mathematics teaching and learning*. Greenwich: Information Age Publishing, 2007. p. 1085.
20. SADLER, D. R. Formative assessment and the design of instructional systems. *Instructional Science*, v. 18, p. 119-144, 1989.

5 Preso na pista lenta
Como os sistemas norte-americanos de agrupamento perpetuam o baixo aproveitamento

1. STIGLER, J. W.; HIEBERT, J. *The teaching gap*: best ideas from the world's teachers for improving education in the classroom. New York: Free, 1999.

2. BEATON, A. E.; O'DWYER, L. M. Separating school, classroom, and student variances and their relationship to socioeconomic status. *In:* ROBITAILLE, D. F.; BEATON, A. E. (Ed.). *Secondary analysis of the TIMSS data*. Dordrecht: Kluwer Academic, 2002.
3. BRACEY, G. Tracking, by accident and by design. *Phi Delta Kappan*, v. 85, n. 4, p. 332-333, 2003.
4. YIU, L. *Teaching goals of eighth grade mathematics teachers*: case study of two Japanese public schools. Stanford: Stanford University, School of Education, 2001.
5. BURRIS, C.; HEUBERT, J.; LEVIN, H. Accelerating mathematics achievement using heterogeneous grouping. *American Educational Research Journal*, v. 43, n. 1, p. 103-134, 2006.
6. PORTER, A. C. *Reform of high school mathematics and science and opportunity to learn*. New Brunswick: Consortium for Policy Research in Education, 1994.
7. ROSENTHAL, R.; JACOBSON, L. *Pygmalion in the classroom*: teacher expectation and pupils' intellectual development. New York: Holt, Rinehart and Winston, 1968.
8. BOALER, J.; WILIAM, D.; BROWN, M. Students' experiences of ability grouping: disaffection, polarisation and the construction of failure. *British Educational Research Journal*, v. 26, n. 5, p. 631-648, 2000.
9. PROGRAMME FOR INTERNATIONAL STUDENT ASSESSMENT. *Learning from tomorrow's world*: first results from PISA 2003. Italy: Organisation for Economic Co-operation and Development, 2003.
10. WILIAM, D.; BARTHOLOMEW, H. It's not which school but which set you're in that matters: the influence of ability-grouping practices on student progress in mathematics. *British Educational Research Journal*, v. 30, n. 2, p. 279-293, 2004.
11. OAKES, J. *Keeping track*: how schools structure inequality. New Haven: Yale University, 2005. p. 217.
12. OAKES, J. *Keeping track*: how schools structure inequality. New Haven: Yale University, 2005. p. 218.
13. OLSON, S. *Count down*: the race for beautiful solutions at the international mathematical Olympiad. New York: Houghton Mifflin, 2005. p. 48-49.
14. BOALER, J. The 'psychological prison' from which they never escaped: the role of ability grouping in reproducing social class inequalities. *Forum*, v. 47, n. 2/3, p. 135-144, 2006.
15. DIXON, A. Editorial. *Forum*, v. 44, n. 1, p. 1, 2002.

6 Pagando o preço por açúcar e tempero
Como meninas e mulheres são mantidas fora da matemática e da ciência

1. Qui-quadrado = 16,96, $n = 163$, 4 graus de liberdade, $p < 0{,}001$.
2. ZOHAR, A.; SELA, D. Her physics, his physics: gender issues in israeli advanced placement physics classes. *International Journal of Science Education*, v. 25, n. 2, p. 245-268, 2003. p. 261.
3. GILLIGAN, C. *In a different voice*: psychological theory and women's development. Cambridge: Harvard University, 1982.
4. BELENKY, M. F. *et al. Women's ways of knowing*: the development of self, voice, and mind. New York: Basic Books, 1986.
5. HYDE, J. S.; FENNEMA, E.; LAMON, S. Gender differences in mathematics performance: a meta-analysis. *Psychological Bulletin*, v. 107, n. 2, p. 139-155, 1990.
6. Elas registraram um tamanho de efeito de apenas +0,15 desvios-padrão.
7. ROSSER, P. The *SAT gender gap*: identifying the causes. [S.l.]: Center for Women Policy Studies, 1989.
8. O exame foi chamado, então, de nível 0.
9. Em 2003-2004, por exemplo, 51% das notas A, B e C eram de meninas.
10. BECKER, J. R. Differential treatment of females and males in mathematics class. *Journal for Research in Mathematics Education*, v. 12, n. 1, p. 40-53, 1981.
11. HERZIG, A. H. Becoming mathematicians: women and students of color choosing and leaving doctoral mathematics. *Review of Educational Research*, v. 74, n. 2, p. 171-214, 2004.
12. HERZIG, A. B. Slaughtering this beautiful math: graduate women choosing and leaving mathematics. *Gender and Education*, v. 16, n. 3, p. 379-395, 2004.
13. COHEN, M. A habit of healthy idleness: boys' underachievement in historical perspective. *In:* EPSTEIN, D. *et al.* (Ed.). *Failing boys?* Issues in gender and achievement. Buckingham: Open University, 1998. p. 24.
14. BENNETT apud COHEN, M. A habit of healthy idleness: boys' underachievement in historical perspective. *In:* EPSTEIN, D. *et al.* (Ed.). *Failing boys?* Issues in gender and achievement. Buckingham: Open University, 1998. p. 25.

15. ROGERS, P.; KAISER, G. (Ed.) *Equity in mathematics education*: influences of feminism and culture. London: Falmer, 1995.
16. NÚMEROS não mentem: homens desempenham melhor do que mulheres. *The New York Times*, 5 jul. 1989.

7 Estratégias e maneiras fundamentais de trabalhar

1. GRAY, E.; TALL, D. Duality, ambiguity, and flexibility: a 'proceptual' view of simple arithmetic. *Journal for Research in Mathematics Education*, v. 25, n. 2, p. 116-140, 1994.
2. THURSTON, W. P. Mathematical education. *Notices of the American Mathematical Society*, v. 37, p. 844-850, 1990.
3. BECK, T. A. Are there any questions? One teacher's view of students and their questions in a fourth-grade classroom. *Teaching and Teacher Education*, v. 14, n. 8, p. 871-886, 1998.
4. GOOD, T. L. *et al.* Student passivity: a study of question asking in K–12 classrooms. *Sociology of Education*, v. 60, p. 181-199, 1987.
5. BOALER, J.; STAPLES, M. Creating mathematical futures through an equitable teaching approach: the case of Railside School. *Teachers College Record*, v. 110, n. 3, p. 608-645, 2008.
6. GREENO, J. G. Number sense as situated knowing in a conceptual domain. *Journal for Research in Mathematics Education*, v. 22, n. 3, p. 170-218, 1991.
7. BOALER, J.; HUMPHREYS, C. *Connecting mathematical ideas*: middle school video cases to support teaching and learning. Portsmouth: Heinemann, 2005.
8. BALL, D. L. With an eye on the mathematical horizon: dilemmas of teaching elementary mathematics. *The Elementary School Journal*, v. 93, n. 4, p. 373-397, 1993.
9. LAMPERT, M. *Teaching problems and the problems of teaching*. New Haven: Yale University, 2001.
10. HUMPHREYS, C.; PARKER, R. *Making number talks matter*: developing mathematical practices and deepening understanding, grades 4-10. Portland: Stenhouse, 2015.
11. MATHEMATICS EDUCATION COLLABORATIVE. c2018. Disponível em: <http://www.mec-math.org>. Acesso em: 28 nov. 2018.
12. Sou grata à Emily Shahan por sua descrição e análise detalhada da experiência de Jorge.

13. Sou grata à Tesha Sengupta-Irving por sua descrição e análise detalhada da experiência de Alonzo.

8 Dando às crianças o melhor começo matemático *Atividades e recomendações aos pais*

1. FIORI, N. *In search of meaningful mathematics*: the role of aesthetic choice. 2007. 256 l. Thesis (Ph. D. in Education) – School of Education, Stanford University, Stanford, 2007. Disponível em: <http://searchworks.stanford.edu/view/6969509>. Acesso em: 27 nov. 2018.
2. CASEY, M. B.; NUTTALL, R. L.; PEZARIS, E. Mediators of gender differences in mathematics college entrance test scores: a comparison of spatial skills with internalized beliefs and anxieties. *Developmental Psychology*, v. 33, n. 4, p. 669-680, 1997.
3. DUCKWORTH, E. *The having of wonderful ideas and other essays on teaching and learning*. New York: Teachers College, 1996.
4. RYAN, A. M.; PATRICK, H. The classroom social environment and changes in adolescents' motivation and engagement during middle school. *American Educational Research Journal*, v. 38, n. 2, p. 437-460, 2001.
5. ECCLES, J. S. *et al.* Negative effects of traditional middle schools on students' motivation. *The Elementary School Journal*, v. 93, n. 5, p. 553-574, 1993.
6. STIPEK, D.; SEAL, K. *Motivated minds*: raising children to love learning. New York: Henry Holt, 2001.
7. FRANK, M. Problem solving and mathematical beliefs. *Arithmetic Teacher*, v. 35, n. 5, p. 32-34, 1988.
8. GAROFALO, J. Beliefs and their influence on mathematical performances. *Mathematics Teacher*, v. 82, n. 7, p. 502-505, 1989.
9. FLANNERY, D.; FLANNERY, S. *In code*: a mathematical journey. Chapel Hill: Algonquin Books, 2002.
10. FLANNERY, D.; FLANNERY, S. *In code*: a mathematical journey. Chapel Hill: Algonquin Books, 2002. p. 8
11. KENSCHAFT, P. C. *Math power*: how to help your child love math, even if you don't. Upper Saddle River: Pi Press, 2005. p. 50.
12. BOALER, J.; HUMPHREYS, C. *Connecting mathematical ideas*: middle school video cases to support teaching and learning. Portsmouth: Heinemann, 2005.
13. KENSCHAFT, P. C. *Math power*: how to help your child love math, even if you don't. Upper Saddle River: Pi Press, 2005. p. 51.

14. ECCLES, J. S.; JACOBS, J. E. Social forces shape math attitudes and performance. *Signs*, v. 11, n. 2, p. 367-380, 1986.
15. BEILOCK, S. L. *et al.* More on the fragility of performance: choking under pressure in mathematical problem solving. *Journal of Experimental Psychology*, v. 133, n. 4, p. 584-600, 2004.
16. GRAY, E.; TALL, D. Duality, ambiguity, and flexibility: a 'proceptual' view of simple arithmetic. *Journal for Research in Mathematics Education*, v. 25, n. 2, p. 116-140, 1994.

9 Mudando para um futuro mais positivo

1. FROYD, J. E. *Evidence for the efficacy of student-active learning pedagogies*. 2007. Disponível em: <http://cte.virginia.edu/wp-content/uploads/2013/07/Evidence-for-Efficacy-Froyd.pdf>. Acesso em: 23 nov. 2018.
2. DWECK, C. S. The perils and promises of praise. *Educational Leadership*, New York, v. 65, n. 2, p. 34-39, 2007.
3. BLACKWELL, L. S.; TRZESNIEWSKI, K. H.; DWECK, C. S. Implicit theories of intelligence predict achievement across an adolescent transition: a longitudinal study and an intervention. *Child Development*, Malden, v. 78, n. 1, p. 246-263, 2007.
4. ECCLES, J. S.; JACOBS, J. E. Social forces shape math attitudes and performance. *Signs*, v. 11, n. 2, p. 367-380, 1986.
5. WILLIAMS, J. J.; LOMBROZO, T.; REHDER, B. Why does explaining help learning? Insight from an explanation impairment effect. *In:* ANNUAL CONFERENCE OF THE COGNITIVE SCIENCE SOCIETY, 32., 2010. *Proceedings*... Portland: Cognitive Science Society, 2010. p. 2906-2911.
6. MOSER, J. S. *et al.* Mind your errors: evidence for a neural mechanism linking growth mind-set to adaptive posterror adjustments. *Psychological Science*, New York, v. 22, n. 12, p. 1484-1489, 2011.
7. Curso *How to learn math for teachers*. Disponível em: <http://scpd.stanford.edu/instanford/how-to-learn-math.jsp>.
8. DWECK, C. S. Is math a gift? Beliefs that put females at risk. *In:* CECI, S. J.; WILLIAMS, W. M. (Ed.). *Why aren't more women in science?* Top researchers debate the evidence. Washington, DC: American Psychological Association, 2007.
9. BOALER, J. Changing the conversation about girls and STEM. *In:* COUNCIL ON WOMEN AND GIRLS AT THE WHITE HOUSE, 2014, Washington. *Paper*... Washington: [s.n.], 2014.

10. TUGEND, A. The problem with praise. *Worth.* [2012]. Disponível em: <http://www.worth.com/index.php/component/content/article/4-live/2908-the-problem-with-praise>.
11. BOALER, J.; HUMPHREYS, C. *Connecting mathematical ideas*: middle school video cases to support teaching and learning. Portsmouth: Heinemann, 2005.
12. GRAY, E.; TALL, D. Duality, ambiguity, and flexibility: a 'proceptual' view of simple arithmetic. *Journal for Research in Mathematics Education*, v. 25, n. 2, p. 116-140, 1994.
13. SILVA, E.; WHITE, T. *Pathways to improvement*: using psychological strategies to help college students master developmental math. Stanford: Carnegie Foundation for the Advancement of Teaching, 2013.
14. BOALER, J. *Fluency without fear*: research evidence on the best ways to learn math facts. 2015. Disponível em: <https://www.youcubed.org/evidence/fluency-without-fear/>. Acesso em: 26 nov. 2018.
15. BOALER, J. Research suggests timed tests cause math anxiety. *Teaching children Mathematics*, v. 20, n. 8, p. 469-474, 2014.
16. Curso *How to learn math: for students.* Disponível em: <http://online.stanford.edu/course/how-to-learn-math-for-students-s14>.
17. FLANNERY, D.; FLANNERY, S. *In code*: a mathematical journey. Chapel Hill: Algonquin Books, 2002.

Índice

Nota: Os números de página em *itálico* indicam figuras e ilustrações.

B

C

D

F

G

H

I

J

K

L

W

Y

Z